一看就懂的
Excel
办公技巧
全图解

曾 山◎编著

U0263208

北京理工大学出版社
BEIJING INSTITUTE OF TECHNOLOGY PRESS

图书在版编目（CIP）数据

一看就懂的 Excel 办公技巧全图解 / 曾山编著 . —北京: 北京理工大学出版社，2014.3（2019.6 重印）

ISBN 978-7-5640-8629-9

Ⅰ . ①一… Ⅱ . ①曾… Ⅲ . ①表处理软件—图解 Ⅳ . ① TP391.13-64

中国版本图书馆 CIP 数据核字 (2013) 第 296392 号

出版发行 / 北京理工大学出版社有限责任公司

社　　址 / 北京市海淀区中关村南大街 5 号

邮　　编 / 100081

电　　话 /（010）68914775（总编室）

　　　　　82562903（教材售后服务热线）

　　　　　68948351（其他图书服务热线）

网　　址 / http：//www.bitpress.com.cn

经　　销 / 全国各地新华书店

印　　刷 / 北京市雅迪彩色印刷有限公司

开　　本 / 880 毫米 ×1230 毫米　1/32

印　　张 / 7.5

字　　数 / 139 千字　　　　　　　　　　　　责任编辑 / 刘　娟

版　　次 / 2014 年 3 月第 1 版　2019 年 6 月第 6 次印刷　　责任校对 / 周瑞红

定　　价 / 31.80 元　　　　　　　　　　　　责任印制 / 边心超

目　录

第 1 章　办公高手是这样炼成的

第 2 章　入门必杀技

第 3 章 数据录入和填充

第 4 章 最靠谱的专业化表格

第 5 章 你也能成为图表高手

第 6 章 数据分析与处理

第 7 章 一点就通，公式、函数并不难

使 用 说 明 书

《一看就懂的 Excel 办公技巧全图解》是一本专门为办公室工作人员量身打造的专业读物，全书共分为七章。为了能让读者由浅入深、简单明了地掌握这些 Excel 表格所蕴含的真实信息，也为了节约读者的宝贵时间，本书在内容上尽量将专业知识通俗化，从常识的角度来阐述高深的理论。

书名

大标题

每个篇章都有几个大标题，大标题揭示该篇要学习的知识。每个大标题为初学者揭示了一个知识要点。

前言引文

对将要学习的知识要点给予简明精要的说明，并对其重要性及其影响因素作说明。

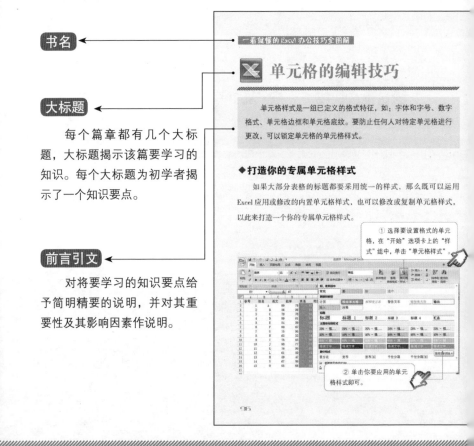

在阅读页面上，采用简单、清楚的学习界面，加上图解来辅助解释复杂的概念。此外，在行文中还加上了意味隽永的重要提示板块，可以加深记忆；再加上能让人扩大知识面的实例解析板块，阅读这本书就成了一种享受。掌握这本书的内容，你就能迅速地成为掌握 Excel 表格的专业人士。

章名

全面讲述了 Excel 表格所涉及的主要内容，每章讲述一个主题。

重要提示

对文中涉及的一些不易理解的理论知识，加上了重要的提示。

实例解析

用来诠释与大标题相关的内容，前文所讲述的理论知识，在此进行实例解读，加深初学者对 Excel 表格的认知程度。

第 1 章

办公高手是这样炼成的

就 Excel 而言，如果没有正确的数据明细，什么数据分析都是"浮云"。

如果一开始就做对了数据明细表，不用学习 N 多技巧也能够把工作做得既轻松又漂亮，成为一个真正的办公高手！

两招胜过 100 招

> Excel 的难题真的要靠玩弄技巧才能解决吗？当你发现自己会用很多操作技巧，但还是被工作搞得身心俱疲的时候，你最好检查一下自己是否做对了表格。

◆ 不学技巧学什么

两招胜过 100 招，不学技巧学什么？当然是做表！

一般而言，日常工作中我们所需要的表格分为两种：一是源数据表，又称"数据明细表"；二是统计表，又称"分类汇总表"。

第一种表格不仅需要做，而且必须用正确的方法认真仔细地做。第二种表格不用做，因为这些表格是能够被"变"出来的。

对我们而言，要玩转 Excel，首先要做的第一件事情，就是设计一张标准、正确的数据明细表。第二件事情，才是"变"出 N 个分类汇总表。

你别小看这两招，只要玩儿转这两招，以前遇到的诸多难题，就都可以迎刃而解了。

高楼平地起，就 Excel 而言，建立数据明细表就如同打地基，如果没有正确的数据明细，什么数据分析都是"浮云"。但是，如果一开始就做对了数据明细表，不用学习 N 多技巧也能够把工作做得既轻松又漂亮。因此，一张正确的数据明细表是一切 Excel 表格工作的基础。

知道了数据明细表的重要性是远远不够的，我们还必须弄清楚 Excel

表格工作的目的。因为只有明确了工作目的，才能有的放矢地学习。Excel 使用过程中会遇到的种种难题，与我们的工作目的有着很大关系。

在这个用数据说话的时代，对一家严谨的企业而言，小到办公用品的购买，大到市场前景的预测，都需要做一些数据分析。每天，人们忙忙碌碌地操作着各种表格，重复着排序、筛选、公式、函数，或者把数据加过来减过去地工作，其目的都是要得到一张"分类汇总表"。

数据，从单个儿来看，除了一堆数字之外，毫无意义。只有被分门别类地放在一起的数据，才是有意义的。分类汇总无处不在，比如你去超市买东西，看小票时不能只看这些东西一共多少钱，还得看看啤酒、西瓜、面粉、食用油等分别是多少钱。对企业而言，对分类汇总方面的要求是更高的。事实上，我们日常所做的 Excel 表格工作几乎都在为此服务。接下来，让我们一起来看看下面几张表及其代表的意义。

> 记录日常生活用品的使用明细，能得到日常生活用品统计表。这个表可以作为制定以后日常生活用品预算的参考。

E12		f_x =SUM(E4:E11)		
	A	B	C	D	E
2	日常生活用品明细表				
3	货物名称	单位	数量	单价	金额
4	卫生纸	袋	5	15	75
5	固体胶	盒	10	10	100
6	手套	双	10	2	20
7	洁厕灵	瓶	3	15	45
8	洁厕刷	个	3	5	15
9	空气清新剂	瓶	2	18	36
10	洗手液	瓶	2	10	20
11	洗衣粉	袋	1	4	4
12	合计				315

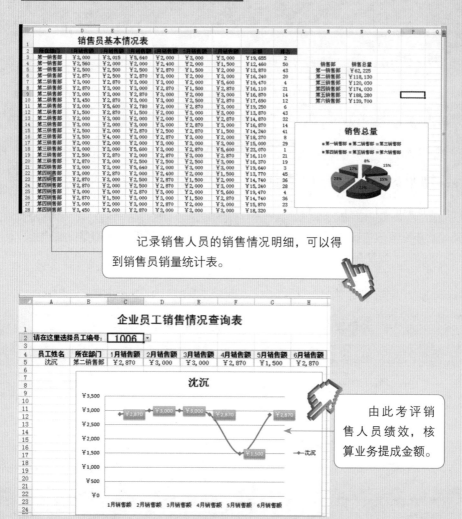

记录销售人员的销售情况明细，可以得到销售员销量统计表。

由此考评销售人员绩效，核算业务提成金额。

综上，可以看出，我们使用 Excel 的最终目的，就是为了得到各式各样用于决策的"分类汇总表"。这些表格不用靠手工录入，Excel 能像魔术师一样把它们"变"出来。

◆学会三张表，走遍天下都不怕

三表概念的定义是：一个完整的工作簿，只有三张工作表。新建的 Excel 空白工作簿默认只有三张工作表——Sheet1、Sheet2、Sheet3，即参数表、数据明细表、分类汇总表。

参数表

参数表里的数据属于基础数据，通常为表示数据匹配关系或者某属性明细等不会经常变更的数据，以供数据明细表和分类汇总表调用。以员工销售情况明细表为例，可以作为参数的是："员工编号""员工姓名""所在部门"。

	A	B	C	D	E
1	员工编号		员工姓名		所在部门
2	1001		江雨薇		第一销售部
3	1002		郝思嘉		第一销售部
4	1003		林晓彤		第一销售部
5	1004		曾云儿		第一销售部
6	1005		邱月清		第二销售部
7	1006		沈沉		第二销售部
8	1007		蔡小蓓		第二销售部
9	1008		尹南		第二销售部
10	1009		陈小旭		第二销售部
11	1010		薛婧		第二销售部
12	1011		萧煜		第二销售部

数据明细表中的数据并不是所有的都需要手工填写，有的可以通过函数自动关联。如：输入员工编号 1001，Excel 可以自动填充下面的"1002、1003、1004、…"，并将其填写在指定的单元格内。

另外，为了限定单元格的录入内容，结合数据有效性和定义名称进行设置，即可以在数据明细表中用选择的方式录入指定的内容。但是，如果要活用参数表，并真正理解其内涵，则需要很多技能知识作为辅助。这里主要是让大家知道参数表这个概念，其他的不再详细讲述。

数据明细表

数据明细表，也是一个操作表。Excel 中一切和数据录入相关的工作，都是在数据明细表中进行的，我们日常工作的很大一部分就是做好这个表格。

正确的数据明细表应该是这样的：

- 一维数据
- 一个标题行
- 字段分类清晰
- 数据属性完整
- 数据连续
- 无合并单元格
- 无合计行
- 无分隔行 / 列
- 数据区域中无空白单元格
- 单元格内容禁用短语或者句子

分类汇总表

Excel 工作的最终目的，就是得到分类汇总的结果，所以第三张表应该是分类汇总表。Excel 的分类汇总表可以自动获得，只要通过函数关联或者"变"表工具就能得到。当然，一份源数据表可以"变"出来的远远不止一张汇总表。所以，三表概念中的第三张表是一个宽泛的概念，代指所有"变"出来的分类汇总表。

◆做好模板很重要

Excel 模板是无穷无尽的，这也是 Excel 教学书籍可以不断推陈出新的缘故——这本书讲 Excel 应用范例 1 000 例，那本书谈 Excel 技巧 500 招；今天说人力资源的 50 个经典模板，明天又说财物管理离不开的 30 个表格。

但是，你真正记住的能有多少呢？这里面有多少跟你的工作密切相关呢？由此导致的后果就是：大量的教材，大量的范例，天天与 Excel "死磕"。可事实上，我们的 Excel 整体应用水平却普遍偏低，工作效率也不高。

实际上，很多人连"数据明细表"和"分类汇总表"的关系都没有搞清楚，就花费大量时间和精力去手工录入汇总表，结果数据明细表被做得五花八门。

我们以前所学的各种模板，没有一个固定的标准，各行各业的差异也很大，即便死记硬背了多种报表样式，也还是无法解决根本问题。在日常工作中，新的 Excel 难题仍然会不断涌现。

　　实际上，数据明细表只应该有一个，并且只应该是一维数据格式。无论是销售、市场数据，还是人力资源、财务数据，都可以以完全相同的方式被存放于数据明细表中，区别仅仅在于字段名称和具体内容（参见下图）。

	A	B	C	D	E	F	G	H	I	J	K
1	员工编号	员工姓名	所在部门	1月销售额	2月销售额	3月销售额	4月销售额	5月销售额	6月销售额	总额	排名
2	1001	江雨薇	第一销售部	￥3,000	￥3,015	￥5,640	￥2,000	￥3,000	￥3,000	￥19,655	2
3	1002	郝思嘉	第一销售部	￥2,560	￥2,000	￥2,000	￥2,400	￥2,000	￥1,500	￥12,460	50
4	1003	林晚彤	第一销售部	￥2,500	￥2,500	￥2,500	￥2,870	￥1,500	￥2,000	￥13,870	43
5	1004	曾云儿	第一销售部	￥2,870	￥2,500	￥2,870	￥3,000	￥2,000	￥3,000	￥16,240	20
6	1005	邱月清	第二销售部	￥3,000	￥2,870	￥3,000	￥3,000	￥3,000	￥5,600	￥19,470	4
7	1006	沈沉	第二销售部	￥2,870	￥3,000	￥3,000	￥2,870	￥1,500	￥2,870	￥16,110	21
8	1007	豪小蓓	第二销售部	￥3,000	￥3,000	￥2,870	￥3,000	￥2,000	￥3,000	￥16,870	14
9	1008	尹南	第二销售部	￥3,450	￥2,870	￥3,000	￥3,000	￥2,500	￥2,870	￥17,690	12
10	1009	陈小旭	第二销售部	￥3,000	￥5,600	￥2,780	￥2,000	￥2,870	￥3,000	￥19,250	6
11	1010	薛情	第二销售部	￥1,500	￥2,870	￥1,500	￥2,000	￥3,000	￥3,000	￥13,870	43
12	1011	萧煜	第三销售部	￥2,000	￥2,000	￥3,000	￥2,000	￥2,870	￥2,870	￥14,870	32
13	1012	陈露	第三销售部	￥3,000	￥2,000	￥3,000	￥3,000	￥2,870	￥3,000	￥16,870	14
14	1013	杨清清	第三销售部	￥2,500	￥2,000	￥2,870	￥2,500	￥2,000	￥1,500	￥14,240	41
15	1014	柳晓琳	第三销售部	￥3,500	￥4,000	￥3,000	￥2,870	￥3,000	￥2,000	￥18,370	8
16	1015	杜媛媛	第三销售部	￥3,000	￥3,000	￥3,000	￥3,000	￥3,000	￥3,000	￥15,000	29
17	1016	乔小麦	第三销售部	￥3,000	￥3,000	￥5,600	￥3,000	￥2,870	￥5,600	￥23,070	1
18	1017	丁欣	第三销售部	￥2,500	￥2,870	￥3,000	￥2,870	￥2,000	￥2,870	￥16,110	21
19	1018	赵霞	第三销售部	￥2,870	￥2,500	￥2,500	￥2,500	￥2,500	￥3,000	￥16,370	19
20	1019	杨平	第四销售部	￥3,000	￥3,000	￥5,640	￥2,000	￥3,000	￥3,000	￥19,640	3

　　学会一个模板，就能走遍天下，这是做好 Excel 数据明细表的精华所在。

	A	B	C	D	E	F	G
1	日期	部门	货物名称	单位	数量	单价	金额
2	2013年6月1日	张三	拖把	个	30	15	450
3	2013年6月3日	张三	水桶	个	30	10	300
4	2013年6月4日	王五	扫把	个	20	5	100
5	2013年6月5日	李四	畚箕	个	10	10	100
6	2013年6月6日	王五	垃圾袋	个	30	6	180
7	2013年6月7日	张三	皮手套	双	20	3	60
8	2013年6月10日	王五	洁厕液	瓶	20	15	300
9	2013年6月11日	李四	橡皮	盒	2	5	10

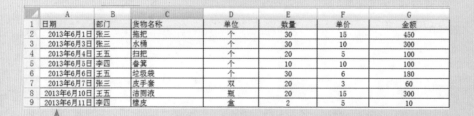

　　这个表格很容易被记住。

你的 **Excel** 表格错在哪里

数据明细表的错误不仅仅是缺少数据这一项。有时候，人们常常因为过分强调视觉效果，或者图一时的方便，做出了各式各样的错误表格，为后续工作埋下了隐患。下面，我们一起来看看这些数据明细表错在哪里。

◆ 标题占错位

Excel 提供了两种记录标题的方式：命名工作簿或者命名工作表。

在 Excel 默认的规则里，连续数据区域的首行为标题行，空白工作表首行也被默认为标题行。需要注意的是，标题行和标题不同，前者代

> 有的人不在专用的地方填写标题，却跑去抢占"别人的地盘"，这是不正确的。

	A	B	C	D	E	F	G	H
1	2012年员工请假明细表							
2	日期	姓名	类别	天数	年天数	已休天数	应扣天数	应扣款
3	2013年6月1日	张三	病假	12	8	12	2	100
4	2013年6月3日	李四	事假	6	8	6	0	0
5	2013年6月4日	王五	事假	3	8	3	0	0
6	2013年6月5日	赵六	事假	5	10	5	0	0
7	2013年6月6日	曹七	年假	4	8	4	0	0
8	2013年6月7日	于二	年假	3	8	3	0	0
9	2013年6月10日	王五	事假	6	8	6	0	0
10	2013年6月11日	赵六	病假	8	10	15	5	500

表了每列数据的属性，是筛选和排序的字段依据；而后者只是让阅读这个表格的人知道这是一张什么表格，除此以外不具备任何功能。因此，无须用标题占用工作表的首行。

　　数据明细表是一张源数据表，除了使用者本人，一般不需要给别人看。那么，如果想要提醒自己，只要将工作簿名称设定为"2012 年员工请假明细表"就行了。就算这个标题不能代表整个工作簿，但起码它是可以代表某个工作表的，因为被记录为工作表名称也是恰当的。

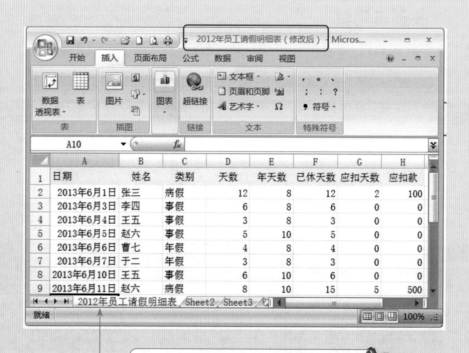

如果想要提醒自己，只要将工作簿名称设定为"2012 年员工请假明细表"就行了。

当然，首行写标题并不影响"变"表或者摆弄数据，所以不具有任何破坏性。只是看到太多人在这么做，却忽略了做这件事本身的意义，所以笔者在此特别说明一下，好让大家对 Excel 规范有一个更深刻的认识。

◆ 繁冗的表头

繁冗的表头，会造成错误的数据记录方式。

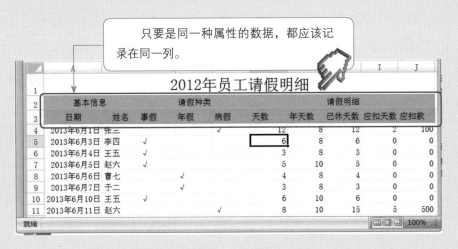

只要是同一种属性的数据，都应该记录在同一列。

我们先来看示例表格中方框内的部分。这与前面提到的第一个错误表格有相似之处，即第一行无效的标题文字占用了 Excel 默认标题行的位置，而第二行看似标题行，实际上也仅仅是文字说明，对 Excel 识别某列数据的属性没有任何帮助。

当然，如同我们前面所分析的，这样的设计并不会对数据明细表造成破坏，也基本不影响分类汇总表的获得。但是，在调用自动筛选功能及"变"表时，Excel 无法自动定位到正确的数据区域，我们必须通过手工设置才能完成。

11

　　Excel 默认首行为标题行，本来是为调用菜单命令以及自动识别数据区域提供方便。如果按照正确的方法设计表格，那么根本不需要选中数据区域首行，而只要用光标选中其中任意单元格，就能准确调用自动筛选功能。

　　实际上，采用多表头设计最严重的问题，还不是方框内的部分，而是"请假种类"的数据记录方式。这是一张数据明细表，我们制作它的目的是为了得到下一步的分析结果。同种属性的数据被分列记录，这为数据筛选、排序、分类汇总设置了障碍。如果使用这张表，我们就无法按照正常操作步骤同时筛选出事假和年假明细，也无法在分类汇总时得到 Excel 的任何帮助。对于大多数人来说，如果不了解 Excel 的数据分析功能，尤其是函数和数据透视表的相关原理，就很难深刻理解这种数据结构所带来的后果。你只要牢记一点：只要是同一种属性的数据，都应该记录在同一列。

　　对于这张表来说，事假、年假、病假都属于请假类别，拥有相同的属性，所以它们应该被记录在请假类别一列，作为每一行明细数据中的一个属性存在。明确了请假类别列，自然而然就无须再用对钩做记录。

　　那么，应该怎样修复这样的表格呢？

　　关于明细数据的记录方式，有一个常见问题很让人纠结。如果同一天、同一位员工请了两种假，应该怎样记录呢？

　　答案就是把两种假当成两条数据来记录。因为对于数据明细表中的明细数据来说，只要有任何一个属性不同，就都应该分别记录。

① 分别筛选出事假、年假、病假对应的明细数据。

② 将单元格内容由对钩修改为对应的中文描述。

③ 拼接数据区域，删除多余的列和多余的表头。

Excel 是依据行和列的连续位置识别数据之间的关联性。请检查一下你的数据明细表——有没有本来应该被记录在一列的数据，却被分配到了不同列？

◆数据不在一张工作表

对 Excel 表格来说，分开数据明细表很容易，将这些表格合起来却很难。所以，我们应该把同一类型的数据录入到一张工作表中，千万不要分开记录。因为，数据明细表中数据的完整性和连贯性，将会直接影响到数据分析的过程和结果。

不同数据用不同颜色显示

密密麻麻的数据，让人眼花缭乱。面对千篇一律的数据，我们常常不知道从哪里看起，也不知道要在哪里找到数据。运用条件格式，将不同数据用不同颜色显示出来，这样可以快速分辨出哪些数据是自己想要的。

条件格式，指的是当单元格满足某种或者某几种条件的时候，显示为特定的单元格格式。条件可以是公式、文本、数值。因为数值应用最为广泛也比较容易理解，所以我们接下来以此为例。

这是一张学生考试成绩表。

	A	B	C	D	E	F	G	H	I
1	学号	姓名	语文	数学	英语	物理	化学	地理	生物
2	1	A	80	78	67	84	79	65	76
3	2	B	56	98	87	67	89	78	61
4	3	C	79	76	69	89	54	78	59
5	4	D	89	61	80	65	90	98	67
6	5	E	54	59	56	78	75	76	95
7	6	F	90	67	79	98	65	61	59
8	7	G	75	95	89	76	78	59	67
9	8	H	65	53	54	61	80	67	78
10	9	I	78	65	90	59	56	95	98
11	10	J	98	77	75	67	79	76	76
12	11	K	76	90	65	95	89	61	61
13	12	L	61	59	54	60	54	59	59
14	13	M	59	47	57	87	90	67	67

任务一　突出显示一定比例的学生

分析学生成绩时，经常要看一下总分或者某学科名列前茅的前20%的学生成绩分布，那么我们就会希望能把这些学生的相应成绩突出显示出来。如果我们把这个工作交给条件格式来做的话，那问题就非常简单了。

比如我们要对英语列（E2:E16）前20%的学生成绩填充颜色，而我们又是在Excel表格中完成这项工作，那么我们就需要先选中E2:E16单元格区域，然后点击功能区中的"条件格式"按钮。

在弹出的菜单中点击"项目选取规则→值最大的10%项"命令，打开"10%最小的值"对话框，在对话框左侧的调节框中将比例值调整为"20%"。然后我们可以在右侧的下拉列表中选择"自定义格式"，再在打开的对话框中为单元格指定格式。确定后就可以立刻将前20%的高分学生成绩突出显示出来了。

① 先选中 E2:E16 单元格区域，然后点击功能区中的"条件格式"按钮。

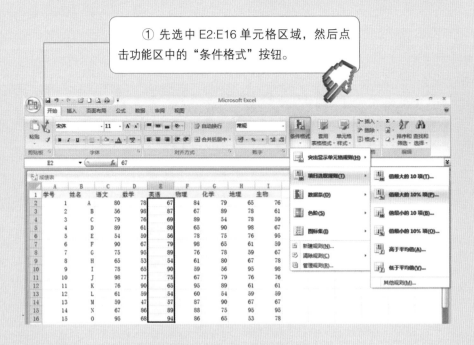

② 在弹出的菜单中点击"项目选取规则"→"值最大的 10% 项"命令，打开"10% 最小的值"对话框，在对话框左侧的调节框中将比例值调整为"20%"。

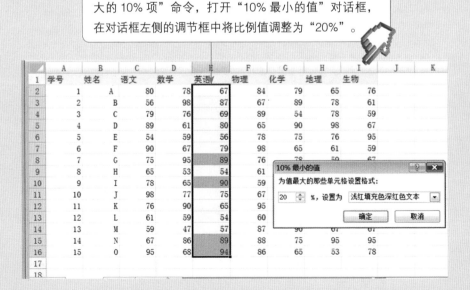

如果其他学科也同样突出前 20% 的高分学生，那么也只需要用"格式刷"将此格式"刷"到其他学科成绩上去即可。

Attention

条件格式是一种格式，不是用"Ctrl"+"C"快捷键，而是用格式刷进行复制。

任务二　突出显示数值大于 90 的单元格

首先，选中数据 C2:I16 单元格区域，然后点击功能区中的"条件格式"按钮。在弹出的菜单中点击"突出显示单元格规则"→"大于"命令。

① 点击功能区中的"条件格式"按钮。在弹出的菜单中点击"突出显示单元格规则"→"大于"命令。

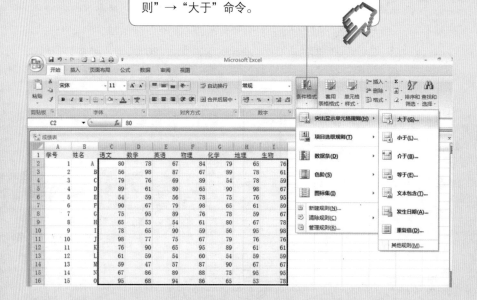

打开"大于"对话框,在对话框左侧的调节框中将比例值调整为"90"。然后我们可以在右侧的下拉列表中选择"自定义格式",再在打开的对话框中为单元格指定格式。确定后就可以立刻将高于 90 分的学生成绩突出显示出来了。

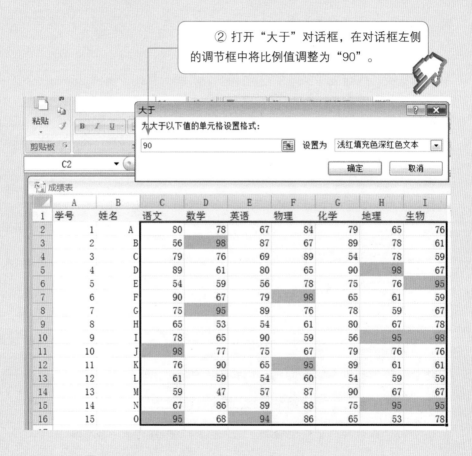

② 打开"大于"对话框,在对话框左侧的调节框中将比例值调整为"90"。

条件格式的优先级大于普通格式,当单元格满足条件的时候,设定的格式将覆盖原来的普通格式。

17

◆恼人的填写顺序

日常工作中，我们设计表格的时候，一不小心就会做出一张顺序颠倒的表格来，不仅影响录入人员的正常思维，还会让他们在忽左忽右的输入过程中浪费大量宝贵的时间。原因就在于，我们设计的时候忽略了填表流程和工作流程之间的关系。

数据明细表的录入过程，应该像生产线上的产品制作过程一样，从开始到结束一气呵成。我们在 Excel 中的动作，尤其是数据录入的动作，必须与工作顺序保持一致。

以请假这件事来说，了解员工请假信息的顺序一般是：今天是什么日期？请假的是谁？请的什么假？请几天？转换成 Excel 字段，就变成日期、姓名、请假类别、请假天数。只要把这些字段从左到右依次排列，就能得到顺序正确的源数据表。所以只要在设计之前想清楚工作流程，排个顺序其实非常简单。

下面以实例来说明吧。

当在数据区域中进行行列移动时，如果不采用正确的方法，就会让工作量翻倍。有的人调整某列在数据区域中的位置时，常常先在目标位置插入一列，然后剪切待调整的列，将其粘贴在新插入的空白列处，最后还要删除剪切后留下的空白列。这一系列动作做起来不仅不够流畅，容易出错，而且需要四步操作才能完成。

但是，如果活用"Shift"键，仅仅两步就可以完成同样的任务。

行的调整与之同理。

① 选中待调整列，将光标移至该列左右任意一侧边缘，光标呈四向箭头形状。

员工编号	员工姓名	所在部门	1月销售额	2月销售额	3月销售额	4月销售额	5月销售额	6月销售额	总额	排名
1001	江雨薇	第一销售部	¥3,000	¥3,015	¥5,640	¥2,000	¥3,000	¥3,000	¥19,655	2
1002	郝思嘉	第一销售部	¥2,560	¥2,000	¥2,000	¥2,400	¥2,000	¥1,500	¥12,460	50
1003	林晓彤	第一销售部	¥2,500	¥2,500	¥2,500	¥2,870	¥1,500	¥2,000	¥13,870	43
1004	曾云儿	第一销售部	¥2,870	¥2,500	¥2,870	¥3,000	¥2,000	¥3,000	¥16,240	20
1005	邱月清	第二销售部	¥3,000	¥2,870	¥3,000	¥3,000	¥2,000	¥5,600	¥19,470	4
1006	沈沉	第二销售部	¥2,870	¥3,000	¥3,000	¥2,870	¥1,500	¥2,870	¥16,110	21
1007	蔡小蓓	第二销售部	¥3,000	¥3,000	¥2,870	¥3,000	¥2,000	¥3,000	¥16,870	14
1008	尹南	第二销售部	¥3,450	¥2,870	¥3,000	¥3,000	¥2,500	¥2,870	¥17,690	12
1009	陈小旭	第二销售部	¥3,000	¥5,600	¥2,780	¥2,000	¥2,870	¥3,000	¥19,250	6
1010	薛靖	第二销售部	¥1,500	¥2,870	¥1,500	¥2,000	¥3,000	¥3,000	¥13,870	43
1011	萧煜	第二销售部	¥2,000	¥3,000	¥2,000	¥2,000	¥3,000	¥2,870	¥14,870	32

② 按住"Shift"键不放，拖动鼠标至待插入位置，松开鼠标左键完成。（注意：松开鼠标左键之前，不能先放开"Shift"键。）

员工编号	员工姓名	排名	所在部门	1月销售额	2月销售额	3月销售额	4月销售额	5月销售额	6月销售额	总额
1001	江雨薇	2	第一销售部	¥3,000	¥3,015	¥5,640	¥2,000	¥3,000	¥3,000	¥19,655
1002	郝思嘉	50	第一销售部	¥2,560	¥2,000	¥2,000	¥2,400	¥2,000	¥1,500	¥12,460
1003	林晓彤	43	第一销售部	¥2,500	¥2,500	¥2,500	¥2,870	¥1,500	¥2,000	¥13,870
1004	曾云儿	20	第一销售部	¥2,870	¥2,500	¥2,870	¥3,000	¥2,000	¥3,000	¥16,240
1005	邱月清	4	第二销售部	¥3,000	¥2,870	¥3,000	¥3,000	¥2,000	¥5,600	¥19,470
1006	沈沉	21	第二销售部	¥2,870	¥3,000	¥3,000	¥2,870	¥1,500	¥2,870	¥16,110
1007	蔡小蓓	14	第二销售部	¥3,000	¥3,000	¥2,870	¥3,000	¥2,000	¥3,000	¥16,870
1008	尹南	12	第二销售部	¥3,450	¥2,870	¥3,000	¥3,000	¥2,500	¥2,870	¥17,690
1009	陈小旭	6	第二销售部	¥3,000	¥5,600	¥2,780	¥2,000	¥2,870	¥3,000	¥19,250
1010	薛靖	43	第二销售部	¥1,500	¥2,870	¥1,500	¥2,000	¥3,000	¥3,000	¥13,870
1011	萧煜	32	第二销售部	¥2,000	¥3,000	¥2,000	¥2,000	¥3,000	¥2,870	¥14,870

◆Excel 不是 Word

　　Office 的每一个组件都有不同的功能：Excel 用来处理数据，Word 用来编辑文本，PPT 用来演示汇报。但是，如果我们用 Excel 来演示汇报，用 Word 来处理数据，用 PPT 来编辑文本，结果可想而知。

很多人喜欢用 Word，却总是抱怨在 Word 里做一张表格有多么痛苦，尤其是调整表格格式，费了九牛二虎之力，也未必可以如愿以偿。但是你如果愿意在 Excel 中事先编辑好表格，贴入 Word，事情就非常简单了。所以，专业的事情还是要用专业的工具来完成。

可以 / 不可以出现在 Excel 源数据表中的元素：

可以：日期、数值、单词、公式、文字描述（仅限备注列）

不可以：符号（★）、短语、句子、中文数值（如"十六"）、外星语（如"&% ￥#@"等等）

不推荐：图形、批注

作为数据处理工具，Excel 看重的是数据属性，而不是文字描述。属性，一就是一，二就是二，不能混为一谈。就好像邮件系统的登录界面，账号和密码一定要分开填写，因为这两个信息的属性不同，从没见过哪个系统提示"请同时输入账号及密码"的。同样的，Excel 中的数据明细表里，也不能把多个属性放在同一个单元格里，短语和句子在 Excel 里是禁用的。

◆ 远离"合并及居中"

在数据明细表中合并单元格，是最常见的操作。可是这种看似让数据更加清晰可见的方式，对表格的破坏性却非常强大。

断章取义的错误解读会造成理解和操作的严重偏差，正如 Excel 中的"合并及居中"功能。微软说："'合并及居中'很好用。"于是很多人就把自己的表格组合得漂漂亮亮，但在做数据分析时又感到很懊恼：为什么数据总是不听话，不能按照我的意思被筛选、排序和分类汇总呢？

其实，不是数据不听话，而是我们根本误解了微软的意思。微软说的是："'合并及居中'很好用，制作用于打印的表格时多多使用，可制作数据明细表时千万别乱用。"意思是说，"合并及居中"的使用范围，仅限于需要打印的表单，如招聘表、调岗申请表、签到表等。

在数据明细表中，"合并及居中"被全面禁止使用，即任何情况下都不要合并单元格。数据明细表里的明细数据必须有一条记录，所有单元格都应该被填满，每一行数据都必须完整并且结构整齐。

合并单元格之所以影响数据分析，是因为合并以后，只有首个单元格有数据，其他的都是空白单元格。例如：在我们看来，表格中C6:C12的数据内容是"第二销售部"，但其实只有C6有数据，C7:C12对于Excel来说，都为空，这和我们眼睛所看到的是有区别的。

所以，按所在部门类别筛选所有"第二销售部"的数据明细，只能得到一条记录。

> ① 表格中C6:C12的数据内容是"第二销售部"，但其实只有C6有数据，C7:C12对于Excel来说，都为空。

	A	B	C	D	E	F	G	H
1	员工编号	员工姓名	所在部门	1月销售额	2月销售额	3月销售额	总额	排名
2	1001	江雨薇		¥3,000	¥3,015	¥5,640	¥11,655	1
3	1002	郝思嘉	第一销售部	¥2,560	¥2,000	¥2,000	¥6,560	10
4	1003	林晓彤		¥2,500	¥2,500	¥2,500	¥7,500	8
5	1004	曾云儿		¥2,870	¥2,500	¥2,870	¥8,240	7
6	1005	邱月清		¥3,000	¥2,870	¥3,000	¥8,870	4
7	1006	沈沉		¥2,870	¥3,000	¥3,000	¥8,870	4
8	1007	蔡小蓓		¥3,000	¥3,000	¥2,870	¥8,870	4
9	1008	尹南	第二销售部	¥3,450	¥3,000	¥2,870	¥9,320	3
10	1009	陈小旭		¥3,000	¥5,600	¥2,780	¥11,380	2
11	1010	薛婧		¥1,500	¥2,870	¥1,500	¥5,870	11
12	1011	萧煜		¥2,000	¥3,000	¥2,000	¥7,000	9

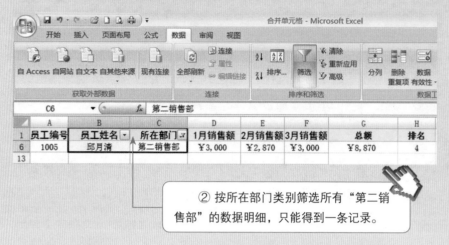

② 按所在部门类别筛选所有"第二销售部"的数据明细，只能得到一条记录。

③ 合并单元格还会造成整个数据区域的单元格大小不一。所以在对数据进行排序时，Excel 会提示错误，导致排序功能无法使用。

　　另外，合并单元格还会造成整个数据区域的单元格大小不一。所以在对数据进行排序时，Excel 会提示错误，从而导致排序功能无法使用。

　　不仅如此，因为我们人为地将 Excel 搞得逻辑混乱，所以在分类汇总时它就不能为我们提供任何便利。我们要想得到统计表，就只能手工录入。因此，以后还是让自己的数据明细表远离"合并及居中"为妙。

如果你已经面对一张庞大的数据明细表，有成百上千个合并单元格，那么不知道解决方法的你会感觉晕头转向。在这里，告诉你一种巧妙的解决方法，可以将错误表格瞬间还原为数据明细表。即便你一时难以理解它的运作原理，也没关系。因为这里涉及数据批量录入时的函数参数相对引用，但是无所谓，你只要记住下面的步骤就万事大吉。

① 全选数据。

员工编号	员工姓名	所在部门	1月销售额	2月销售额	3月销售额	总额	排名
1001	江雨薇	第一销售部	¥3,000	¥3,015	¥5,640	¥11,655	1
1002	郝思嘉		¥2,560	¥2,000	¥2,000	¥6,560	10
1003	林晓彤		¥2,500	¥2,500	¥2,500	¥7,500	8
1004	曾云儿		¥2,870	¥2,500	¥2,870	¥8,240	7
1005	邱月清	第二销售部	¥3,000	¥2,870	¥3,000	¥8,870	4
1006	沈沉		¥2,870	¥3,000	¥3,000	¥8,870	4
1007	蔡小蓓		¥3,000	¥3,000	¥2,870	¥8,870	4
1008	尹南		¥3,450	¥2,870	¥3,000	¥9,320	3
1009	陈小旭		¥3,000	¥5,600	¥2,780	¥11,380	2
1010	薛婧		¥1,500	¥2,870	¥1,500	¥5,870	11
1011	萧煜		¥2,000	¥3,000	¥2,000	¥7,000	9

② 点击"合并及居中"按钮，拆分合并单元格。

③ 按 F5 调用"定位"功能，设定"定位条件"。

④ 选中"空值"为定位条件，点确定。

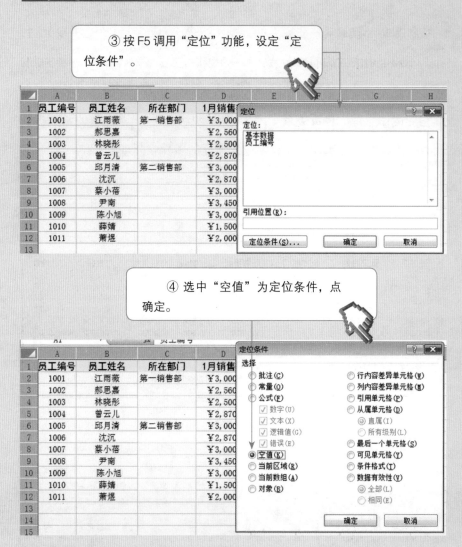

　　因为 C7 这个空白单元格的值应该填充 C6 的数据内容，所以输入"=C6"。如果光标所在的当前单元格坐标为 C4，则应该输入"=C3"，即，输入的内容总是为当前单元格的上一个单元格的坐标。由于输入的是公式，请记得加上"="符号。

⑤ 直接输入"=C6"。

	A	B	C	D	E	F	G	H
	SUM		=C6					
1	员工编号	员工姓名	所在部门	1月销售额	2月销售额	3月销售额	总额	排名
2	1001	江雨薇	第一销售部	￥3,000	￥3,015	￥5,640	￥11,655	1
3	1002	郝思嘉		￥2,560	￥2,000	￥2,000	￥6,560	10
4	1003	林晓彤		￥2,500	￥2,500	￥2,500	￥7,500	8
5	1004	曾云儿		￥2,870	￥2,500	￥2,870	￥8,240	7
6	1005	邱月清	第二销售部	￥3,000	￥2,870	￥3,000	￥8,870	4
7	1006	沈沉	=C6	￥2,870	￥3,000	￥3,000	￥8,870	4
8	1007	蔡小蓓		￥3,000	￥3,000	￥2,870	￥8,870	4
9	1008	尹南		￥3,450	￥2,870	￥3,000	￥9,320	3
10	1009	陈小旭		￥3,000	￥5,600	￥2,780	￥11,380	2
11	1010	薛婧		￥1,500	￥2,870	￥1,500	￥5,870	11
12	1011	萧煜		￥2,000	￥3,000	￥2,000	￥7,000	9

⑥ 还记得一键批量录入技巧吗？"Ctrl"+"Enter"，完成！

	A	B	C	D	E	F	G	H
1	员工编号	员工姓名	所在部门	1月销售额	2月销售额	3月销售额	总额	排名
2	1001	江雨薇	第一销售部	￥3,000	￥3,015	￥5,640	￥11,655	1
3	1002	郝思嘉	第一销售部	￥2,560	￥2,000	￥2,000	￥6,560	10
4	1003	林晓彤	第一销售部	￥2,500	￥2,500	￥2,500	￥7,500	8
5	1004	曾云儿	第一销售部	￥2,870	￥2,500	￥2,870	￥8,240	7
6	1005	邱月清	第二销售部	￥3,000	￥2,870	￥3,000	￥8,870	4
7	1006	沈沉	第二销售部	￥2,870	￥3,000	￥3,000	￥8,870	4
8	1007	蔡小蓓	第二销售部	￥3,000	￥3,000	￥2,870	￥8,870	4
9	1008	尹南	第二销售部	￥3,450	￥2,870	￥3,000	￥9,320	3
10	1009	陈小旭	第二销售部	￥3,000	￥5,600	￥2,780	￥11,380	2
11	1010	薛婧	第二销售部	￥1,500	￥2,870	￥1,500	￥5,870	11
12	1011	萧煜	第二销售部	￥2,000	￥3,000	￥2,000	￥7,000	9

Attention

此时填充于单元格的是公式，而非纯文本。为了保险起见，还要多做一步，即运用选择性粘贴将单元格内的公式转换为纯文本。

◆缺胳膊少腿儿的数据

这种类型的表格有两种程度的"缺",一种是数据区域中间缺。作为一份数据明细表,没数据也不能留白,否则会影响数据分析结果。

	A	B	C	D	E	F	G
1	员工编号	员工姓名	所在部门	1月销售额	2月销售额	3月销售额	总额
2	1001	江雨薇	第一销售部	￥3,000	￥3,015	￥5,640	￥11,655
3	1002	郝思嘉		￥2,560	￥2,000	￥2,000	￥6,560
4	1003	林晓彤		￥2,500	￥2,500	￥2,500	￥7,500
5	1004	曾云儿		￥2,870	￥2,500	￥2,870	￥8,240
6	1005	邱月清	第二销售部	￥3,000	￥2,870	￥3,000	￥8,870
7	1006	沈沉		￥2,870	￥3,000	￥3,000	￥8,870
8	1007	蔡小蓓		￥3,000	￥3,000	￥2,870	￥8,870
9	1008	尹南		￥3,450	￥2,870	￥3,000	￥9,320
10	1009	陈小旭		￥3,000	￥5,600	￥2,780	￥11,380
11	1010	薛婧		￥1,500	￥2,870	￥1,500	￥5,870
12	1011	萧煜		￥2,000	￥3,000	￥2,000	￥7,000

看到表中这些空白单元格了吗?这就叫作中间缺。

Excel 认为,不管什么数值,只要有值就是"非空单元格"。空文本在 Excel 看来也是数据,我们却只能看到一片空白。这和 0 值一样,当单元格数值为 0 时,Excel 也认可该单元格里有数据,只不过值为 0 罢了。

另外一种情况是,这个单元格"真没有"数据,指的是这个单元格从来就没有被填写过,或者曾经填写的数据已经被完全删除。"真没有"的东西,Excel 在分类汇总时也就没法有,尤其是做计数统计,一定会出错。

所以,在数据区域数值部分的空白单元格里填上 0 值,在文本部分的空白单元格里填上相应的文本数据,才是最严谨的数据明细表的记录方式。

那么，这张表应该如何修复呢？还得求助于一键批量录入（"Ctrl"+"Enter"）。操作方法前面已介绍过，此处省略。

第一种程度的数据明细表缺失，造成的影响还不算太严重，并且很容易修复。而第二种程度的缺失，让整条数据少了某种或某几种属性，它所带来的后果就非常严重了。

> 仔细看这个表格，作为一张销售明细表，却没有记录销售人员的姓名！等到需要对销售情况进行分析的时候，恐怕就欲哭无泪了。

	A	B	C	D	E	F
1	员工编号	所在部门	1月销售额	2月销售额	3月销售额	总额
2	1001	第一销售部	￥3,000	￥3,015	￥5,640	￥11,655
3	1002	第一销售部	￥2,560	￥2,000	￥2,000	￥6,560
4	1003	第一销售部	￥2,500	￥2,500	￥2,500	￥7,500
5	1004	第一销售部	￥2,870	￥2,500	￥2,870	￥8,240
6	1005	第二销售部	￥3,000	￥2,870	￥3,000	￥8,870
7	1006	第二销售部	￥2,870	￥3,000	￥3,000	￥8,870
8	1007	第二销售部	￥3,000	￥3,000	￥2,870	￥8,870
9	1008	第二销售部	￥3,450	￥2,870	￥3,000	￥9,320
10	1009	第二销售部	￥3,000	￥5,600	￥2,780	￥11,380
11	1010	第二销售部	￥1,500	￥2,870	￥1,500	￥5,870

所以，在设计表格时，数据属性的完整性是第一考虑因素。这是一张什么表？能够记录什么？需要分析什么？应该记录什么？这些都需要在设计之初仔细思考。

数据明细表中的数据，就像厨房里的配菜，有什么原材料才能炒出什么样的菜，没有肉的回锅肉只能到天上去找了。如果你的数据明细不如果要按员工姓名分析销售情况，就应该有一列记录员工姓名。如果要按男女性别进行分析，就应该有一列记录性别，以此类推。

	A	B	C	D	E	F	G	H
1	员工编号	员工姓名	性别	所在部门	1月销售额	2月销售额	3月销售额	总额
2	1001	江雨薇	女	第一销售部	¥3,000	¥3,015	¥5,640	¥11,655
3	1002	郝思嘉	男	第一销售部	¥2,560	¥2,000	¥2,000	¥6,560
4	1003	林晓彤	女	第一销售部	¥2,500	¥2,500	¥2,500	¥7,500
5	1004	曾云儿	女	第一销售部	¥2,870	¥2,500	¥2,870	¥8,240
6	1005	邱月清	男	第二销售部	¥3,000	¥2,870	¥3,000	¥8,870
7	1006	沈沉	男	第二销售部	¥2,870	¥3,000	¥3,000	¥8,870
8	1007	蔡小蓓	女	第二销售部	¥3,000	¥3,000	¥2,870	¥8,870
9	1008	尹南	男	第二销售部	¥3,450	¥2,870	¥3,000	¥9,320
10	1009	陈小旭	女	第二销售部	¥3,000	¥5,600	¥2,780	¥11,380
11	1010	薛婧	女	第二销售部	¥1,500	¥2,870	¥1,500	¥5,870
12	1011	萧煜	男	第二销售部	¥2,000	¥3,000	¥2,000	¥7,000

是从企业系统导出，而是靠纯手工录入积累而来的，那么，当你发现缺失了整列数据时，就可能已经完全无法挽回了。要想避免这类错误发生，还得从最开始的表格设计做起。

◆不用着急做"合计"

因为混淆了数据明细表和分类汇总表的概念，很多人一边记录源数据，一边求和。可是，这严重违背了 Excel 规则。前面就说了，我们只需做一张数据明细表，至于分类汇总表，千万记得是用 Excel "变"出来的。因此，不必着急做"合计"。

先看看 Excel 工作的步骤：数据录入（导入）→数据处理→数据分析。

对应的操作：输入（导入）数据→整理数据（函数等技巧）→对数据进行分类汇总。

对应的工作表：数据明细表→数据明细表或其他新建工作表→分类汇总表。

按照这个流程，就应该明白其实我们完全不需要提前做合计的工作。如果硬要做，只会平添烦恼。因为对于复杂而庞大的数据明细来说，制作这些合计行本身就是很烦琐的一个工作。而且做好以后，还经常会面临调整数据时的尴尬。

	A	B	C	D	E	F	G	H
1	员工编号	员工姓名	性别	所在部门	1月销售额	2月销售额	3月销售额	总额
2	1001	江雨薇	女	第一销售部	￥3,000	￥3,015	￥5,640	￥11,655
3	1002	郝思嘉	男	第一销售部	￥2,560	￥2,000	￥2,000	￥6,560
4	1003	林晓彤	女	第一销售部	￥2,500	￥2,500	￥2,500	￥7,500
5	1004	曾云儿	女	第一销售部	￥2,870	￥2,500	￥2,870	￥8,240
6	合计:							
7	1005	邱月清	男	第二销售部	￥3,000	￥2,870	￥3,000	￥8,870
8	1006	沈沉	男	第二销售部	￥2,870	￥3,000	￥3,000	￥8,870
9	1007	蔡小蓓	女	第二销售部	￥3,000	￥3,000	￥2,870	￥8,870
10	1008	尹南	男	第二销售部	￥3,450	￥2,870	￥3,000	￥9,320
11	1009	陈小旭	女	第二销售部	￥3,000	￥5,600	￥2,780	￥11,380
12	1010	薛婧	女	第二销售部	￥1,500	￥2,870	￥1,500	￥5,870
13	1011	萧煜	男	第二销售部	￥2,000	￥3,000	￥2,000	￥7,000
14	合计:							

分类汇总表是用 Excel "变"出来的，不必着急做"合计"。

这个表合计的是不同部门员工的销售额。如果发现某个部门有一名员工的销售明细漏掉了，理所当然要做两件事情：

第一，在该部门的明细数据中插入一行，添加遗漏的员工销售信息。

第二，重算合计数，并修改对应合计行的数值。

以销售明细表为例，可能这样的调整不会太多。可如果是一份某企业全国 200 个经销商全年的销售明细表，一旦数据明细面临频繁的调整，合计行的弊端就越发凸显。况且，与分隔列一样，它还破坏了数据明细表的数据完整性。从数据准确性的角度来看，合计数是纯手工打造的，质量高低因人而异，准确率无法控制。

那么，要如何做才对呢？

其实非常简单，只要做好数据明细表，就能"变"出 N 个分类汇总表。我们还是先把其还原成正确的数据明细表样式吧！

① 筛选"合计"行并删除，保持数据连贯性。

	A	B	C	D	E	F	G	H
1	员工编号	员工姓名	性别	所在部门	1月销售额	2月销售额	3月销售额	总额
2	1001	江雨薇	女	第一销售部	￥3,000	￥3,015	￥5,640	￥11,655
3	1002	郝思嘉	男	第一销售部	￥2,560	￥2,000	￥2,000	￥6,560
4	1003	林晓彤	女	第一销售部	￥2,500	￥2,500	￥2,500	￥7,500
5	1004	曾云儿	女	第一销售部	￥2,870	￥2,500	￥2,870	￥8,240
6	1005	邱月清	男	第二销售部	￥3,000	￥2,870	￥3,000	￥8,870
7	1006	沈沉	男	第二销售部	￥2,870	￥3,000	￥3,000	￥8,870
8	1007	蔡小蓓	女	第二销售部	￥3,000	￥3,000	￥2,870	￥8,870
9	1008	尹南	男	第二销售部	￥3,450	￥2,870	￥3,000	￥9,320
10	1009	陈小旭	女	第二销售部	￥3,000	￥5,600	￥2,780	￥11,380
11	1010	薛婧	女	第二销售部	￥1,500	￥2,870	￥1,500	￥5,870
12	1011	萧煜	男	第二销售部	￥2,000	￥3,000	￥2,000	￥7,000

② 添加辅助列，为明细数据添加新的属性。如果希望能按销售地区进行汇总，就添加销售地区信息。

	A	B	C	D	E	F	G	H	I
1	员工编号	员工姓名	性别	所在部门	1月销售额	2月销售额	3月销售额	总额	销售地区
2	1001	江雨薇	女	第一销售部	￥3,000	￥3,015	￥5,640	￥11,655	北京
3	1002	郝思嘉	男	第一销售部	￥2,560	￥2,000	￥2,000	￥6,560	湖北
4	1003	林晓彤	女	第一销售部	￥2,500	￥2,500	￥2,500	￥7,500	湖南
5	1004	曾云儿	女	第一销售部	￥2,870	￥2,500	￥2,870	￥8,240	广西
6	1005	邱月清	男	第二销售部	￥3,000	￥2,870	￥3,000	￥8,870	河北
7	1006	沈沉	男	第二销售部	￥2,870	￥3,000	￥3,000	￥8,870	天津
8	1007	蔡小蓓	女	第二销售部	￥3,000	￥3,000	￥2,870	￥8,870	安徽
9	1008	尹南	男	第二销售部	￥3,450	￥2,870	￥3,000	￥9,320	广东
10	1009	陈小旭	女	第二销售部	￥3,000	￥5,600	￥2,780	￥11,380	江苏
11	1010	薛婧	女	第二销售部	￥1,500	￥2,870	￥1,500	￥5,870	四川
12	1011	萧煜	男	第二销售部	￥2,000	￥3,000	￥2,000	￥7,000	江西

在标准的数据明细表中，明细数据可以乱序。新的数据行，只要依次添加在数据区域底端的首个空白行即可，无须中途插入。比如，第一销售部有一个员工的销售记录被遗漏，依次在后边添加就可以了。即便是频繁的数据补录，也不会带来任何困扰。相比中看不中用的合计行，还是这个朴实的数据明细表更可靠吧。

◆手工来做分类汇总

做表格工作，要学会"避重就轻"。用手工做分类汇总表，是一种越俎代庖的行为。分类汇总的事，Excel 最擅长做，可对于我们，却是极大的挑战。所以，这个闲事不好管，也不需要管。

分类汇总表有几个层次：

初级是一维汇总表，仅对一个字段进行汇总。中级是二维一级汇总表，对两个字段进行汇总，是最常见的分类汇总表。此类汇总表既有标题行，也有标题列，在横纵坐标的交集处显示汇总数据。高级是二维多级汇总表，对两个字段以上进行汇总。只要数据明细表的字段足够多，汇总表的角度和层级就可以无限变换。

手工做汇总表有两种情况：

第一种是只有分类汇总表，没有数据明细表。此类汇总表的制作100% 靠手工，有的用计算器算，有的直接在汇总表里算，还有的在纸上打草稿。总而言之，每个汇总数据都是用键盘敲进去的。算好填进表格的也就罢了，反正也没想找回原始记录；而在汇总表里算的，好像有点儿数据明细的意思，但仔细推敲又不是那么回事儿。经过一段时间，公式里数据的来由就会完全被忘记。

第二种是有数据明细表，并经过多次重复操作做出汇总表。操作步骤为：

① 按字段筛选。

② 选中筛选出的数据。

③ 目视状态栏的汇总数。

④ 切换到汇总表。

⑤ 在相应单元格填写汇总数。

⑥ 重复以上所有操作 100 次。

其间，也会有一些小失误，如选择数据时有所遗漏，填写时忘记了汇总数，或者切换时无法准确定位汇总表。长此以往，在一次又一次与 Excel 表格较劲的过程中，我们会疲惫不堪，最终败下阵来。

试一试"手动重算"

写有公式的单元格过多的时候，一个数据的变化就会导致整个数据表的重新计算。遇到配置稍差的电脑，每做一个动作，Excel 都需要半天才能做出响应，不然就是"死机"，极大影响了我们的工作效率。那么，与其让 Excel 自动重算，不如"人算"。

　　解脱的方法其实很简单——把分类汇总表交给 Excel，我们只需专心做好数据明细表。

　　Excel 的计算方式被默认为自动重算，但是通过设置可以变其为手动重算。工作表计算量过大的时候，我们可以把所有需要填写或者修改的单元格一次操作完毕，然后按下"F9"功能键即可。

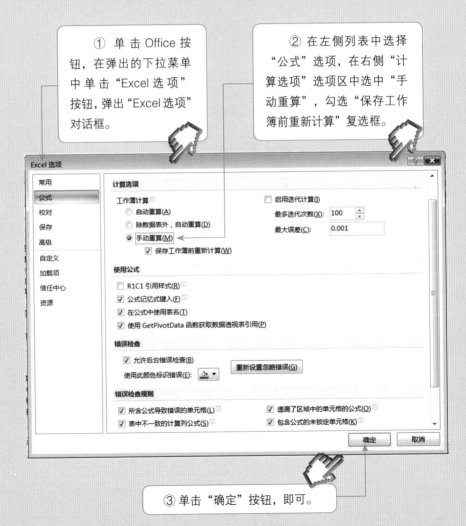

① 单击 Office 按钮，在弹出的下拉菜单中单击"Excel 选项"按钮，弹出"Excel 选项"对话框。

② 在左侧列表中选择"公式"选项，在右侧"计算选项"选项区中选中"手动重算"，勾选"保存工作簿前重新计算"复选框。

③ 单击"确定"按钮，即可。

第 *2* 章

入门必杀技

Excel 提供了很多模板样式，如会议议程、日历、销售报表和贷款分期付款等。

利用模板可快速新建有样式内容的 Excel 工作簿，为你节省很多工作时间哦！

Excel 的界面管理与优化

> Excel 的工作界面与 Word 的工作界面有着类似的标题栏、菜单、工具栏，也有自己独特的功能界面，如名称框、工作表标签、公式编辑框、行号、列标等。

◆Excel 工作界面

当启动 Excel 后，在屏幕上会出现如图所示的窗口。在这个工作界面中包含了 Excel 的基本工作界面，包括标题栏、菜单栏、工具栏、滚动条、数据编辑区、工作表标签、状态栏和任务栏等。

单元格

这是 Excel 最小的单位。输入的数据就保存在这些单元格中，这些数据可以是字符串、数学、公式等不同类型的内容。

列标和行号

Excel 使用字母标识列，从 A 到 IV，共 256 列，这些字母称为列标；使用数字标识行，从 1 到 65 536，共 65 536 行。每个单元格都通过"列标 + 行号"来表示单元格的位置。如 A1，就表示第 A 列第 1 行的单元格。

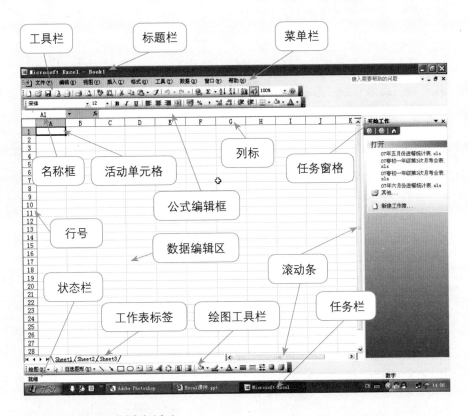

名称框和公式编辑框

名称框用来对 Excel 电子表格中的单元格进行命名和显示名称。

公式编辑框则是用于输入和显示公式或函数的区域。

工作表

工作表是由单元格组成，在 Excel 中，一张工作表由 256×65 536 个单元格组成。Excel 中默认新建的工作簿包含 3 个工作表，可通过单击工作表标签，在不同的工作表之间进行切换。

工作簿

工作簿是处理和存储数据的文件。标题栏上显示的是当前工作簿的名字。Excel 默认的工作簿名称为"Book1"。每个工作簿包含多个工作表，最多时一个工作簿中可包含 255 张工作表。

Excel 的基本元素——工作簿、工作表、单元格

工作簿和工作表的特性	最大限制
开启工作簿的数目	受限于可用的记忆体和资源系统
工作表的大小	最多 65 536 行、256 列
单元格内可接受的文字长度	每个单元格最多可包含 32 000 个字符
单元格内可接受的数字型数据的长度	常规数字格式的数据长度为 11 位（包括特定字符）
单元格内数字精度	保留 15 位；若长度超过 15 位，多余数字位显示为"0"
工作簿中可使用工作表页数	最多 255 个工作表

◆ 打造你的"工具栏"

调整快速访问工具栏的位置

你可以根据自己的使用习惯，调整快速访问工具栏的位置。

① 在快速访问工具栏上单击鼠标右键，弹出快捷菜单，从中选择"在功能区下方显示快速访问工具栏"选项。

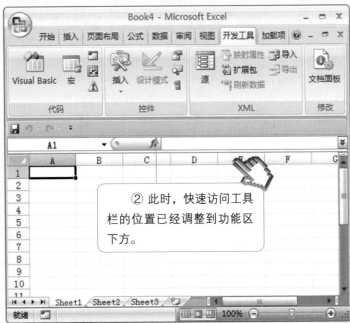

② 此时，快速访问工具栏的位置已经调整到功能区下方。

自定义快速访问工具栏的功能

在快速访问工具栏上放置常用的工具按钮，可以大大提高你的工作效率。你可以自定义快速访问工具栏上的功能按钮。

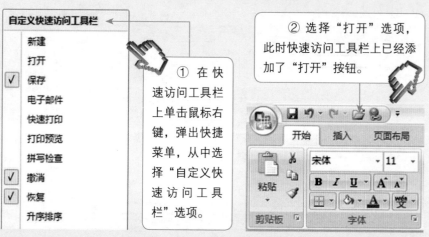

① 在快速访问工具栏上单击鼠标右键，弹出快捷菜单，从中选择"自定义快速访问工具栏"选项。

② 选择"打开"选项，此时快速访问工具栏上已经添加了"打开"按钮。

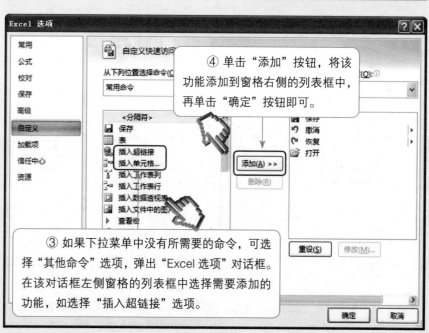

④ 单击"添加"按钮，将该功能添加到窗格右侧的列表框中，再单击"确定"按钮即可。

③ 如果下拉菜单中没有所需要的命令，可选择"其他命令"选项，弹出"Excel 选项"对话框。在该对话框左侧窗格的列表框中选择需要添加的功能，如选择"插入超链接"选项。

如果要删除快速访问工具栏上不需要的按钮，可在
"Excel 选项"对话框中选中对应选项，然后单击"删除"
按钮即可。如果要删除的按钮是下拉菜单中的选项，则只
需在下拉菜单中再次选择该选项。

禁止显示浮动工具栏

在 Excel 中，选择表格数据后，浮动工具栏会自动显示；当选择数据并单击鼠标右键时，该工具栏还会与快捷菜单一起显示。如果不希望出现浮动工具栏，可以将其禁止。

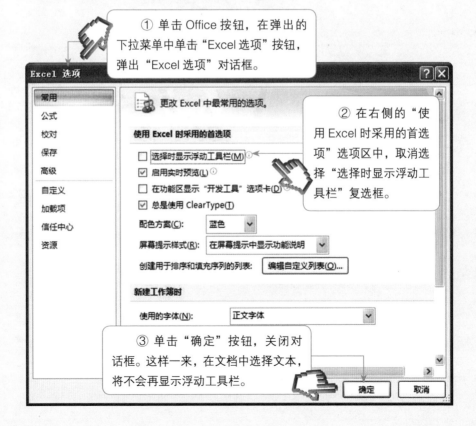

① 单击 Office 按钮，在弹出的下拉菜单中单击"Excel 选项"按钮，弹出"Excel 选项"对话框。

② 在右侧的"使用 Excel 时采用的首选项"选项区中，取消选择"选择时显示浮动工具栏"复选框。

③ 单击"确定"按钮，关闭对话框。这样一来，在文档中选择文本，将不会再显示浮动工具栏。

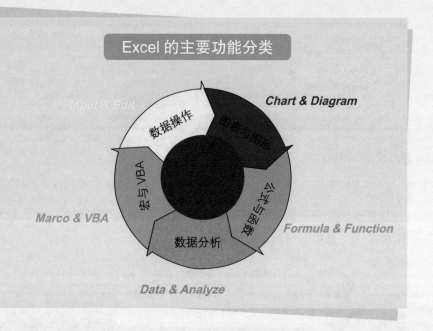

◆拆了"窗口"

拆分窗口对照查看

Excel窗口是可以进行拆分的,你可以将一个工作表拆成两个部分,这样方便你对较大的表格进行数据比较和参考。一般来说,拆分工作表窗口有以下两种常用操作方法。

方法一　用命令拆分

① 打开一个 Excel 表格，单击"窗口"选项卡中的"拆分"按钮，此时窗口中出现一条与窗口等宽的分割线。

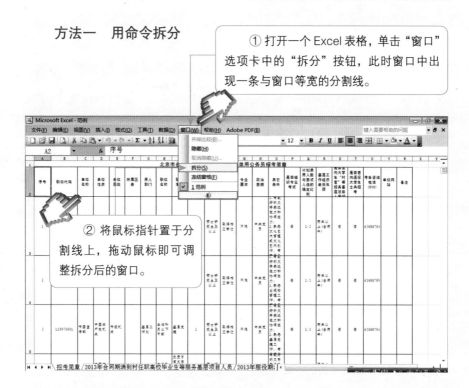

② 将鼠标指针置于分割线上，拖动鼠标即可调整拆分后的窗口。

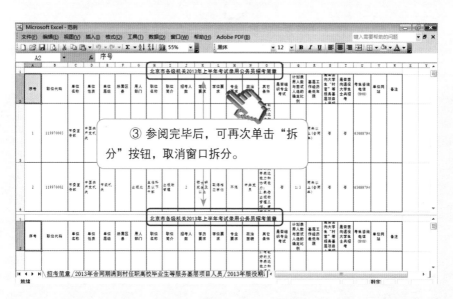

③ 参阅完毕后，可再次单击"拆分"按钮，取消窗口拆分。

方法二 拖动鼠标拆分

② 到目标位置后释放鼠标即可。

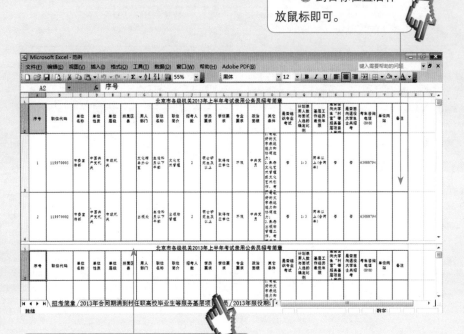

① 将鼠标指针置于垂直滚动条上方的"━"按钮上，向下拖动鼠标，此时窗口中出现一条灰色分割线。

左手工作簿，右手工作表

工作簿（Book）是 Excel 中存储电子表格的一种基本文件，一个工作簿由多张工作表（Sheet）组成。每个工作簿最多可以包含 255 张工作表。

◆掌握工作簿的基本操作

利用模板新建工作簿

Excel 提供了很多模板样式，如会议议程、日历、销售报表和贷款分期付款等，利用模板可快速新建有样式内容的 Excel 工作簿，为你节省制表时间。

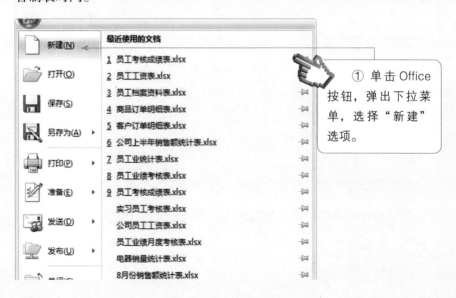

① 单击 Office 按钮，弹出下拉菜单，选择"新建"选项。

② 弹出"新建工作簿"对话框，在"模板"栏中选择"已安装的模板"选项，在中间的窗格中选择需要的模板样式。

③ 单击"创建"按钮，可新建一个基于所选模板的工作簿。

生成备份工作簿

　　用户可以在保存工作簿的同时，生成备份工作簿，这样以后每次对原工作簿进行的修改，都会同时被保存到备份文件中。生成备份工作簿的操作方法如下：

① 打开需要备份的文件，单击 Office 按钮，在弹出的下拉菜单中选择"另存为"选项，弹出"另存为"对话框。

② 设置保存路径和名称，然后单击"工具"下拉按钮，在弹出的下拉菜单中选择"常规选项"选项。

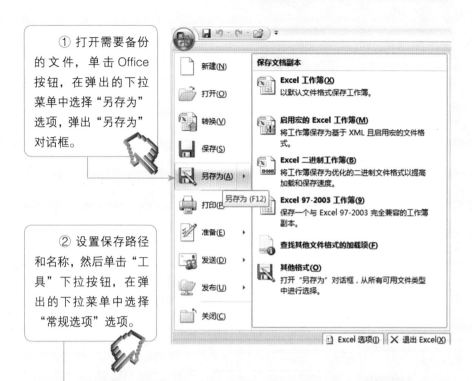

③ 弹出"常规选项"对话框，从中选中"生成备份文件"复选框。

④ 单击"确定"按钮，找到存储文件的位置，会发现已经生成备份文件。

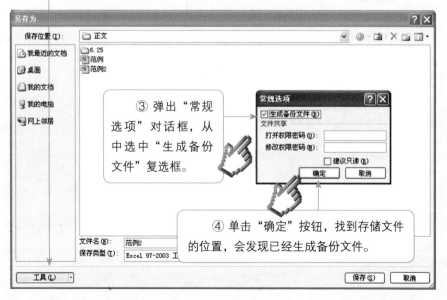

在同一窗口显示多个工作簿

如果用户需要同时查看或使用多个工作簿中的数据，可以在同一窗口中显示多个工作簿，以方便参阅。

① 要打开需要使用的多个工作簿，先单击"视图"选项卡。

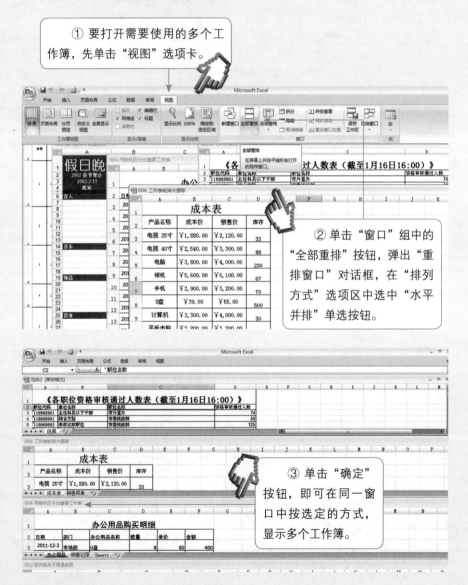

② 单击"窗口"组中的"全部重排"按钮，弹出"重排窗口"对话框，在"排列方式"选项区中选中"水平并排"单选按钮。

③ 单击"确定"按钮，即可在同一窗口中按选定的方式，显示多个工作簿。

◆设置工作簿的共享

多人巧妙共享工作簿

在实际工作中，有时候需要多人同时对一个工作簿进行编辑操作，这时可将需要编辑的工作簿共享，以方便多人操作。

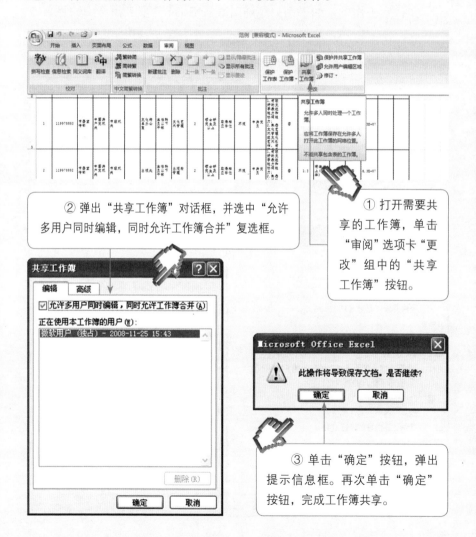

② 弹出"共享工作簿"对话框，并选中"允许多用户同时编辑，同时允许工作簿合并"复选框。

① 打开需要共享的工作簿，单击"审阅"选项卡"更改"组中的"共享工作簿"按钮。

③ 单击"确定"按钮，弹出提示信息框。再次单击"确定"按钮，完成工作簿共享。

共享后的工作簿，将不能再进行单元格合并、条件格式设置、超链接及保护等操作。

自动更新共享工作簿

在日常工作中，如果用户想随时查看 Excel 共享工作簿中的更新数据，没有必要一次次重复打开工作簿查看，只需直接设定数据自动更新即可。

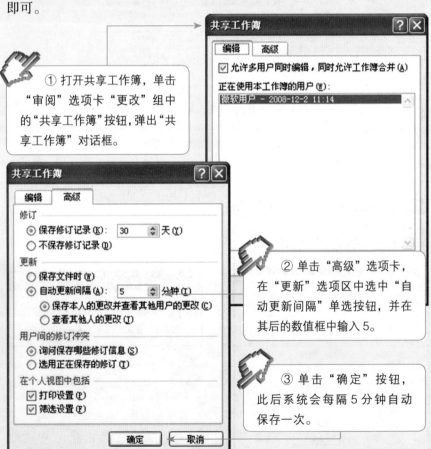

① 打开共享工作簿，单击"审阅"选项卡"更改"组中的"共享工作簿"按钮，弹出"共享工作簿"对话框。

② 单击"高级"选项卡，在"更新"选项区中选中"自动更新间隔"单选按钮，并在其后的数值框中输入 5。

③ 单击"确定"按钮，此后系统会每隔 5 分钟自动保存一次。

◆工作表"乾坤大挪移"

移动工作表到新工作簿

如果两张工作表内容相似，那么在编辑完成一张工作表之后，可以利用复制的方法来建立另外一张工作表，然后进行局部更改即可投入使用。在需要复制整个工作表数据的时候，很多人都选择了这种方式——选中工作表中所有的数据，复制，然后在新工作表中粘贴。但是，这样复制的数据并不能保留已经设置好的行高、列宽等格式。那么，怎样才能避免复制和移动工作表时行高、列宽发生改变呢？

26	120981302	新闻宣传职位	中国共产党北京市门头沟区委员会宣传部	2
27	121000101	项目　管理	北京（房山）历史文化旅游集聚区规划建设管理办公室	1
28	121049301	综合　文秘	房山区委宣传部	12
29	121280501	党办干事职位	中共昌平区崔村镇委员会	3
30	121280601	综合文秘职位	中共昌平区委城北街道工作委员会	55
31	121280701	文秘职位	中共昌平区兴寿镇委员会	10
32	121280801	综合管理职位	中共昌平区延寿镇委员会	74
33	121480201	信息工作职位	中共北京市顺义区委统战部	8
34	121860801	纪检监察员	宓云县纪律检查委员会	2
35	12186080□	纪检监察员	宓云县纪律检查委员会	8
36	210115□	插入(I)...	北京市工商局东城分局	5
37	210115□	删除(D)	北京市工商局东城分局	35
38	210115□	重命名(R)	北京市工商局东城分局	12
39	210115□		北京市工商局东城分局	6
40	210115□	移动或复制工作表(M)...	北京市工商局东城分局	28
41	210122□	查看代码(V)	北京市国土资源局东城分局	9
42	210147□	保护工作表(P)...	东城区药品稽查办公室	86
43	210147□		东城区药品稽查办公室	26
44	210147□	工作表标签颜色(T)	东城区药品稽查办公室	64
45	210147□		东城区质量技术监督局	37
46	210216□	隐藏(H)	北京市工商局西城分局	2
47	210216□	取消隐藏(U)...	北京市工商局西城分局	46
48	210216□		北京市工商局西城分局	26
49	210216□	选定全部工作表(S)	北京市工商局西城分局	21

① 将包含着需要被复制工作表的原工作簿和将要复制到的目标工作簿都打开，并切换到需要复制或移动的工作表。

② 单击右键工作表标签，选择"移动或复制"命令，弹出"移动或复制工作表"对话框，在"工作簿"下拉列表框中选择"（新工作簿）"选项。

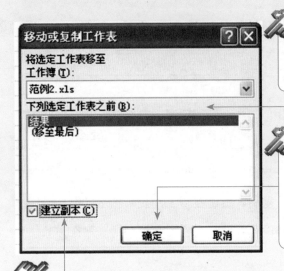

③ 在"下列选定工作表之前"列表中选择将复制的工作表放置的位置。

⑤ 单击"确定"按钮，将工作表移动到新工作簿中，然后再根据需要重命名工作表，并对工作表进行局部编辑即可。

④ 勾选"建立副本"复选框，这样将会把工作表复制到新的位置；取消勾选，则将把工作表移动到新的位置。

工作簿内快速移动

你可使用如下操作方法在工作簿内快速移动工作表。

2	姓名	所属部门	2月份业绩	3月份业绩
3	章 一	第1销售部	1005	1211
4	维 格	第3销售部	1111	1045
5	宋 晓	第1销售部	980	987
6	徐 涛	第2销售部	870	1233
7	赵一明	第1销售部	1023	888
8	张 好	第3销售部	1145	1078
9	吴天可	第3销售部	1200	1124
10	王爱国	第2销售部	1301	1246
11	兰 天	第2销售部	600	880
12	叶荣商	第1销售部	980	1025

② 到合适位置后释放鼠标，就可以将工作表快速移动到目标位置了。

① 将鼠标指针置于要移动的工作表上，拖动鼠标，此时的鼠标指针如图所示。

工作簿间快速移动

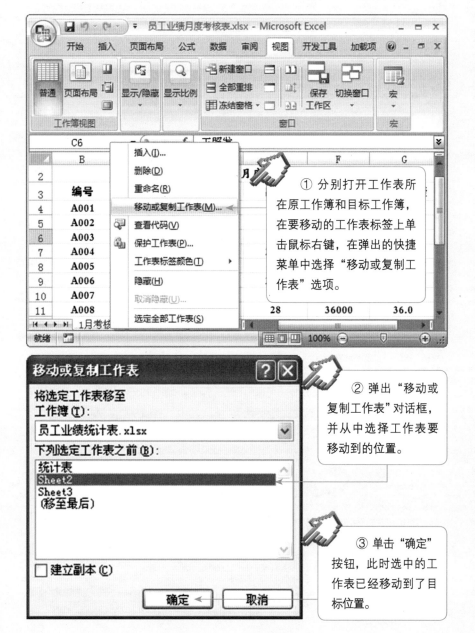

① 分别打开工作表所在原工作簿和目标工作簿，在要移动的工作表标签上单击鼠标右键，在弹出的快捷菜单中选择"移动或复制工作表"选项。

② 弹出"移动或复制工作表"对话框，并从中选择工作表要移动到的位置。

③ 单击"确定"按钮，此时选中的工作表已经移动到了目标位置。

如果在"移动或复制工作表"对话框中选中"建立副本"复选框，可在不同工作簿间复制工作表。

◆ 如何让工作表隐身

快速隐藏工作表

对于重要的工作表，你可以让它隐藏起来，以防止被他人看到，从而避免造成不必要的损失。

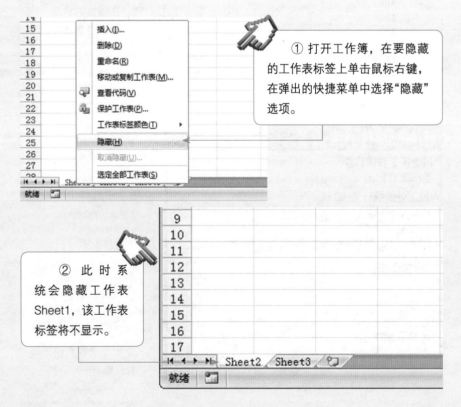

① 打开工作簿，在要隐藏的工作表标签上单击鼠标右键，在弹出的快捷菜单中选择"隐藏"选项。

② 此时系统会隐藏工作表Sheet1，该工作表标签将不显示。

取消隐藏工作表

如果要取消隐藏，也很简单。

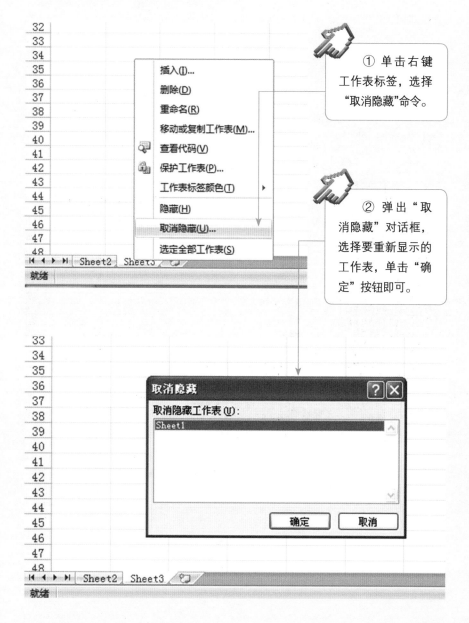

① 单击右键工作表标签，选择"取消隐藏"命令。

② 弹出"取消隐藏"对话框，选择要重新显示的工作表，单击"确定"按钮即可。

隐藏一个工作表中的数据

如果需要隐藏同一个工作表中的某类数据，将本数据所在的行或列
隐藏即可。

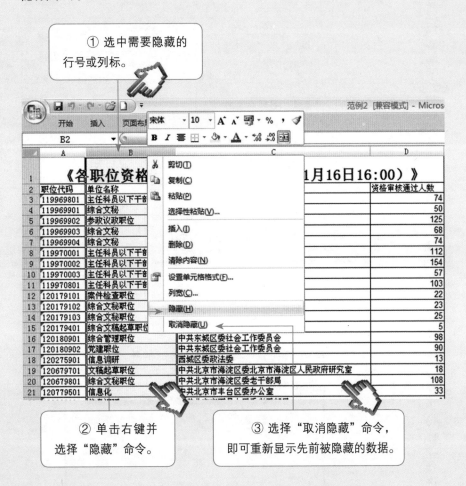

◆同步滚动，并排查看两个工作表

有什么办法可以同时查看、比较两个工作表呢？

① 将需要并排查看的两个工作表全部打开，然后切换到视图选项卡。单击"窗口"选项组中的"并排查看"按钮，激活"并排查看"和"同步滚动"功能。

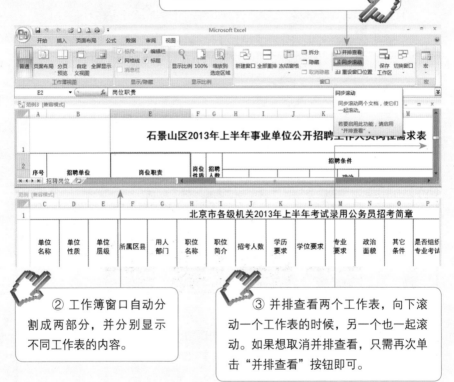

② 工作簿窗口自动分割成两部分，并分别显示不同工作表的内容。

③ 并排查看两个工作表，向下滚动一个工作表的时候，另一个也一起滚动。如果想取消并排查看，只需再次单击"并排查看"按钮即可。

◆变换工作表的背景

巧妙添加工作表的图片背景

你可以将自己喜欢的图片作为背景，添加到工作表中。

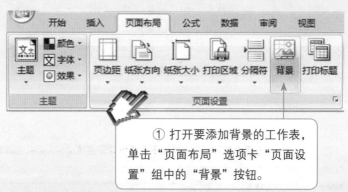

① 打开要添加背景的工作表，单击"页面布局"选项卡"页面设置"组中的"背景"按钮。

② 弹出"工作表背景"对话框，从中选择要作为工作表背景的图片。

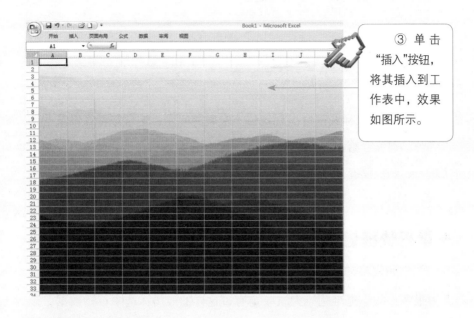

③ 单击 "插入"按钮，将其插入到工作表中，效果如图所示。

快速删除工作表背景

当然，你可以使用以下方法，将工作表中的图片背景快速删除。

打开具有背景的工作表，单击 "页面布局"选项卡 "页面设置" 组中的 "删除背景"按钮。此时，工作表中的背景即可被删除。

用好 Excel 快捷键

我们的鼠标经常会出现定位不准确的问题，这意味着在做某些操作的时候会给我们带来麻烦，比如数据区域选择。下面是本书汇总的 Excel 快捷键，帮助你更熟练地操作 Excel，提高工作效率。

◆ 常用快捷键

当一张表格的数据有几十列、上千甚至上万行时，数据区域选择就成为很多人的一道难题。大家一定有过这样的经历：选中首行数据，鼠标向下拉，如果数据很长，一觉醒来可能都还没有拉到尽头。但是，在我们稍微放松警惕的一瞬间，数据一下子选过头了！无奈只能向上反选。

此时，鼠标又开始发挥重要作用——反选的时候停不住，数据又少选了。这样，上上下下不断反复，光标总是不能停在恰当的位置。更令人无语的情况是，好不容易选好了数据区域，还没等执行下一步操作，光标一不小心点到了别的地方，前面的辛苦工作全部白费。

当然，你也可以用选头选尾按"Shift"键的方法，但也得借助鼠标将滚动条拖至数据末端，同样还得小心鼠标作怪。这大概就是办公室总是有人摔鼠标的原因了。这时候，快捷键的使用就显得尤为重要了，因为用和不用它们的效果差异巨大。有了这些快捷键，2 分钟的事情 1 秒做完，4 分钟的事情也是 1 秒做完，所以学会它对我们帮助很大。

箭头键：在工作表中上移、下移、左移或右移一个单元格。

按 Ctrl+ 箭头键，可移动到工作表中当前数据区域的边缘。

按 Shift+ 箭头键，可将单元格的选定范围扩大一个单元格。

按 Ctrl+Shift+ 箭头键，可将单元格的选定范围扩展到活动单元格所在列或行中的最后一个非空单元格；如果下一个单元格为空，选定范围则将扩展到下一个非空单元格。

Backspace：在编辑栏中删除左边的一个字符。

也可清除活动单元格的内容。

在单元格编辑模式下，按该键将会删除插入点左边的字符。

Delete：从选定单元格中删除单元格内容（数据和公式），而不会影响单元格格式或批注。

在单元格编辑模式下，按该键将会删除插入点右边的字符。

End：当 Scroll Lock 处于开启状态时，移动到窗口右下角的单元格。

当菜单或子菜单处于可见状态时，也可选择菜单上的最后一个命令。

按 Ctrl+End，可移动到工作表上的最后一个单元格，即所使用的最下面一行与所使用的最右边一列的交汇单元格。如果光标位于编辑栏中，按 Ctrl+End 会将光标移到文本的末尾。

按 Ctrl+Shift+End，可将单元格选定区域扩展到工作表上所使用的最后一个单元格（位于右下角）。如果光标位于编辑栏中，按 Ctrl+Shift+End 则可选择编辑栏中从光标所在位置到末尾处的所有文本，这不会影响编辑栏的高度。

Enter：在单元格或编辑栏中完成单元格输入，选择下面的单元格。

在数据表单中，按该键可移动到下一条记录中的第一个字段。

打开选定的菜单（按 F10 激活菜单栏），或执行选定命令的操作。

在对话框中，按该键可执行对话框中默认命令按钮（带有突出轮廓的按钮，通常为"确定"按钮）的操作。

按 Alt+Enter，可在同一单元格中另起一新行。

按 Ctrl+Enter，可使用当前条目填充选定的单元格区域。

按 Shift+Enter，可完成单元格输入并选择上面的单元格。

Esc：取消单元格或编辑栏中的输入。

关闭打开的菜单或子菜单、对话框或消息窗口。

在应用全屏模式时，按该键还可关闭此模式，返回到普通屏幕模式，再次显示功能区和状态栏。

◆ 功能键

F1：显示"Microsoft Office Excel 帮助"任务窗格。

按 Ctrl+F1，将显示或隐藏功能区。

按 Alt+F1，可创建当前范围中数据的图表。

按 Alt+Shift+F1，可插入新的工作表。

F2：编辑活动单元格，并将插入点放在单元格内容的结尾。

按 Shift+F2，可添加或编辑单元格批注。

按 Ctrl+F2，将显示"打印预览"窗口。

F3：显示"粘贴名称"对话框。

按 Shift+F3 将显示"插入函数"对话框。

F4：重复上一个命令或操作（如有可能）。

按 Ctrl+F4，可关闭选定的工作簿窗口。

F5：显示"定位"对话框。

按 Ctrl+F5，可恢复选定工作簿窗口的窗口大小。

F6：在工作表、功能区、任务窗格和缩放控件之间进行切换。

按 Shift+F6，可以在工作表、缩放控件、任务窗格和功能区之间切换。如果打开了多个工作簿窗口，则按 Ctrl+F6 可切换到下一个工作簿窗口。

F7：显示"拼写检查"对话框，以检查活动工作表或选定范围中的拼写。

如果工作簿窗口未最大化，则按 Ctrl+F7 可对该窗口执行"移动"命令。使用箭头键移动窗口，并在完成时按 Enter，或按 Esc 取消。

F8：打开或关闭扩展模式。在扩展模式中，"扩展选定区域"将出现在状态行中，并且按箭头键可扩展选定范围。

按 Alt+F8，可显示用于创建、运行、编辑或删除宏的"宏"对话框。

F9：计算所有打开的工作簿中的所有工作表。

按 Shift+F9，可计算活动工作表。

按 Ctrl+F9，可将工作簿窗口最小化为图标。

F10：打开或关闭键提示。

按 Shift+F10，可显示选定项目的快捷菜单。

按 Ctrl+F10，可最大化或还原选定的工作簿窗口。

F11：创建当前范围内数据的图表。

按 Shift+F11，可插入一个新工作表。

F12：显示"另存为"对话框。

◆Ctrl 组合键

Ctrl+Shift+(	取消隐藏选定范围内所有隐藏的行
Ctrl+Shift+)	取消隐藏选定范围内所有隐藏的列
Ctrl+1	显示"单元格格式"对话框
Ctrl+9	隐藏选定的行
Ctrl+0	隐藏选定的列
Ctrl+A	选择整个工作表
Ctrl+B	应用或取消加粗格式设置
Ctrl+C	复制选定的单元格
Ctrl+F	显示"查找和替换"对话框
Ctrl+N	创建一个新的空白工作簿
Ctrl+O	显示"打开"对话框以打开或查找文件

Ctrl+P	显示"打印"对话框
Ctrl+S	使用其当前文件名、位置和文件格式保存活动文件
Ctrl+V	在插入点处插入剪贴板的内容,并替换任何所选内容
Ctrl+W	关闭选定的工作簿窗口
Ctrl+X	剪切选定的单元格

◆ 显示和使用窗口

Alt+Tab	切换到下一个窗口
Alt+Shift+Tab	切换到上一个窗口
Ctrl+W 或 Ctrl+F4	关闭活动窗口
Ctrl+F5	在将活动窗口最大化之后,再恢复其原来的大小
Ctrl+F6	在同时打开多个窗口时,切换到下一个窗口
Ctrl+F10	最大化所选窗口或恢复其原始大小
Print Screen	将一张屏幕图片复制到剪贴板中

◆ 输入并计算公式

=(等号)	输入公式
Backspace	在编辑栏内,向左删除一个字符
Enter	在单元格或编辑栏中完成单元格输入

Ctrl+Shift+Enter	将公式作为数组公式输入
Esc	取消单元格或编辑栏中的输入
Shift+F3	在公式中，显示"插入函数"对话框
Ctrl+Shift+A	当插入点位于公式中函数名称的右侧时，插入参数名和括号
Alt+=（等号）	用 SUM 函数插入自动求和公式
Ctrl+'（左单引号）	在显示单元格值和显示公式之间切换
Shift+F9	计算活动工作表

◆ 输入和编辑数据

Alt+Enter	在单元格中换行
Ctrl+Enter	用当前输入项填充选定的单元格区域
Shift+Enter	完成单元格输入并向上选取上一个单元格
Tab	完成单元格输入并向右选取下一个单元格
Shift+Tab	完成单元格输入并向左选取上一个单元格
F4 或 Ctrl+Y	重复上一次操作
Ctrl+Shift+F3	由行列标志创建名称
Ctrl+D	向下填充
Ctrl+R	向右填充

续表

Ctrl+F3	定义名称
Ctrl+K	插入超链接
Ctrl+; (分号)	输入日期
Ctrl+Shift+: (冒号)	输入时间
Alt+ 向下键	显示清单的当前列中的数值下拉列表
Ctrl+Z	撤销上一次操作
Alt+Enter	在单元格中换行
Ctrl+Delete	删除插入点到行末的文本
Shift+F2	编辑单元格批注
Ctrl+Shift+Z	显示自动更正智能标记时，撤销或恢复上一次的自动更正

第 *3* 章

数据录入和填充

在 Excel 中输入多于 15 位数字的时候，15
位以后的数字则会变为 0。

当输入像身份证号码这样长的数据时，就会
遇到这种问题。

该如何处理呢？请看本章内容吧！

轻松完成数据录入

把数据输入到工作表中是用Excel完成工作的最基础的步骤。你可能会想，只要往单元格中敲字不就行了吗？可实际情况并不是那么简单。

◆让录入的日期自动转化为需要的类型

Excel工作表中有各种数据类型，我们必须理解工作表中不同数据类型的含义，分清它们之间的区别，才能更顺利地输入数据。同时，各类数据的输入、使用和修改还有很多方法和技巧，了解和掌握这些知识可以帮助我们正确、高效地完成工作。

日期自动转化

日期有大小写、两位、四位之分。为了简化操作，在录入的时候，可以首先录入Excel能够识别的最简易的日期形式（如录入含有年份的日期时，最简易的录入方法是"13–11–1"，其显示结果是"2013–11–1"），然后让其自动转换成为我们需要的年份形式。

日期和时间快速录入

想要快速录入当前日期和时间，可以按照下面的简易方式来操作。

在单元格中录入数据"13-6-26"或"13/6/26"。

① 选中需要录入年份的单元格区域，单击鼠标右键，选择"设置单元格格式"命令，打开"单元格格式"对话框。

② 选择"数字"选项卡，在"分类"列表中选择"日期"，在"类型"列表中选择自己所需要的年份表现形式。

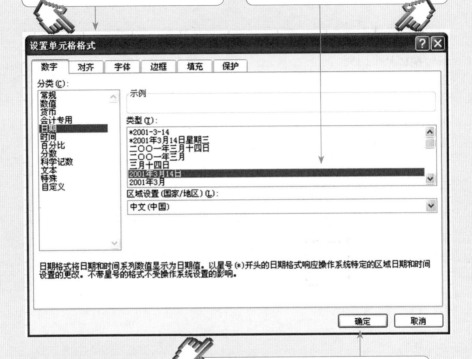

③ 单击"确定"按钮回到工作表的编辑状态，在选定单元格中录入"13-11-1"时，则会自动转为"2013 年 11 月 1 日"。

按"Ctrl+Enter"组合键，即可自动转换成"日期"型数据。

录入当前日期，只需选中相应的单元格，按下"Ctrl+；（分号）"组合键即可。

要录入当前时间，只需选中相应的单元格，按下"Ctrl+Shift+：（冒号）"组合键即可。

用数字录入特殊时间

在 Excel 中录入 0~1 之间的小数，然后将其设置为时间格式，可将其转换成某个时间。

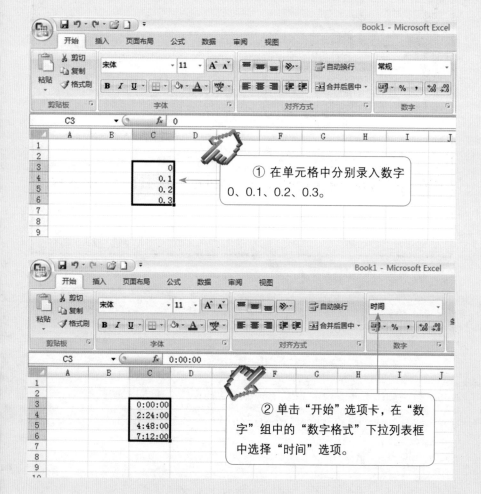

① 在单元格中分别录入数字 0、0.1、0.2、0.3。

② 单击"开始"选项卡，在"数字"组中的"数字格式"下拉列表框中选择"时间"选项。

◆ 不会中文大写数字不用急

"变" 出中文大写数字

有时候，我们需要写中文大写数字，可这年头会写"壹贰叁肆伍"的人越来越少。进一步讲，要把 75236452 元翻译成中文，还得看你的数学和中文学得是否好。

那么，我们就来看看 Excel 如何"变"出中文大写数字。

单元格很会说谎，只有编辑栏最诚实。当你不确定单元格的真实数据时，就去编辑栏寻找答案吧。

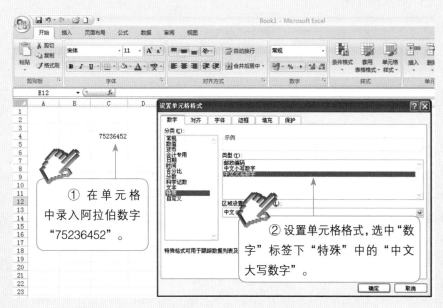

① 在单元格中录入阿拉伯数字"75236452"。

② 设置单元格格式，选中"数字"标签下"特殊"中的"中文大写数字"。

这个方法只适用于转换整数数值，小数部分无法按照中文逻辑正确转换。

③ 点击"确定"按钮，阿拉伯数字就被转换成中文大写数字了。

④ 这时候，你注意看编辑栏，单元格数据的本质仍然是阿拉伯数字，只不过换了一种显示方式罢了。

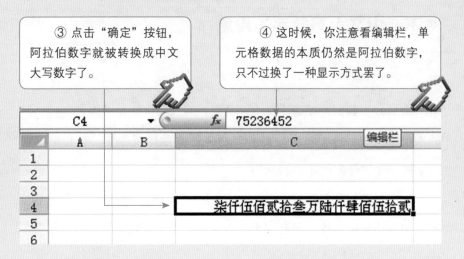

自动添加单位符号

在"设置单元格格式"对话框中，不仅可以设置数字的大小写，还可以给数据自动添加单位。一般情况下，某些数据后都要加上单位，我们可以用同样的方法来操作。

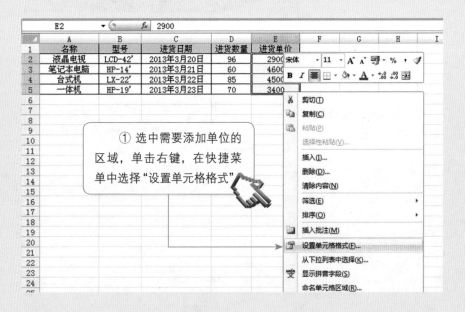

① 选中需要添加单位的区域，单击右键，在快捷菜单中选择"设置单元格格式"

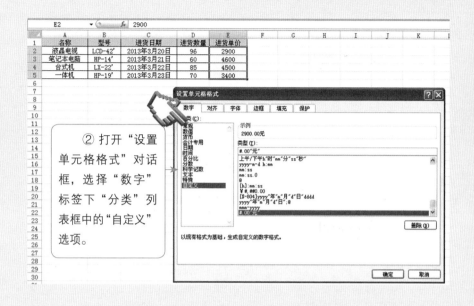

② 打开"设置单元格格式"对话框，选择"数字"标签下"分类"列表框中的"自定义"选项。

③ 在"类型"文本框中录入"#.00"元""，单击确定按钮后，数据将自动变为带有单位的格式。

	A	B	C	D	E
1	名称	型号	进货日期	进货数量	进货单价
2	液晶电视	LCD-42'	2013年3月20日	96	2900.00元
3	笔记本电脑	HP-14'	2013年3月21日	60	4600.00元
4	台式机	LX-22'	2013年3月22日	85	4500.00元
5	一体机	HP-19'	2013年3月23日	70	3400.00元
6					

◆ 快速录入分数

快捷键录入分数

在 Excel 中，如果按平时书写分数的方法录入分数，录入的数据会自动转换成日期。要想录入分数，可按以下的方法操作。

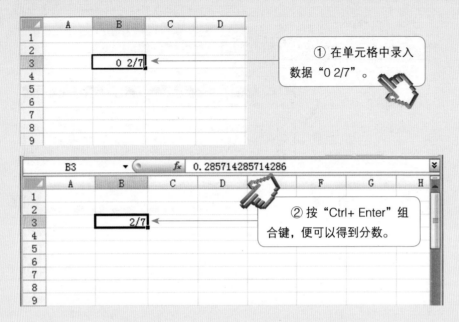

① 在单元格中录入数据 "0 2/7"。

② 按 "Ctrl+ Enter" 组合键，便可以得到分数。

快速录入分数

在使用 Excel 制作数据表的时候，经常会需要录入分数，可通过如下操作，来进行分数的快速录入。

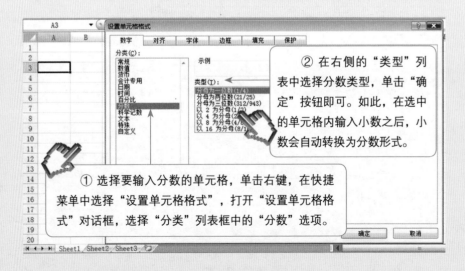

② 在右侧的 "类型" 列表中选择分数类型，单击 "确定" 按钮即可。如此，在选中的单元格内输入小数之后，小数会自动转换为分数形式。

① 选择要输入分数的单元格，单击右键，在快捷菜单中选择 "设置单元格格式"，打开 "设置单元格格式" 对话框，选择 "分类" 列表框中的 "分数" 选项。

◆ 录入大量负数及首位数为 0 的数据

大量负数的录入

如果要录入大量负数，可以先按照常规的方式录入正数，然后按照下面的方法来进行设置，就可以一次性将录入的正数都转换成负数。

① 录入正数，然后选中要显示为负数的单元格区域，单击右键选择"设置单元格格式"命令，打开"设置单元格格式"对话框。

② 在"分类"列表框中选择"自定义"选项，然后在"类型"编辑框中选择"0.00"，并在前面添加负号。

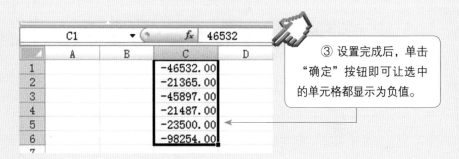

③ 设置完成后，单击"确定"按钮即可让选中的单元格都显示为负值。

快速录入负数

如果你想快速录入少量负数，选中需要录入负数的单元格，输入带括号的数字即可。

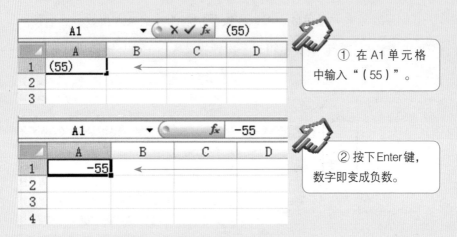

① 在 A1 单元格中输入"（55）"。

② 按下 Enter 键，数字即变成负数。

以 0 开头的数字录入

日常生活中，录入一个以 0 开头的数字后，在显示时系统往往会自动把 0 删除。要保留录入的数字 0，可按如下方法操作。

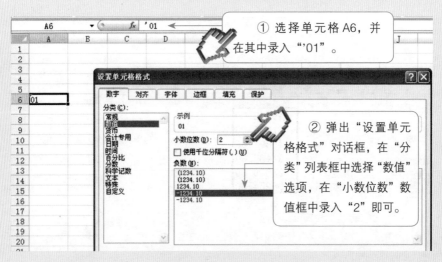

① 选择单元格 A6，并在其中录入"'01"。

② 弹出"设置单元格格式"对话框，在"分类"列表框中选择"数值"选项，在"小数位数"数值框中录入"2"即可。

在录入整数后自动添加指定位数的小数

在 Excel 中录入数据的时候，如果想让录入的数据位数一样，可以通过设置让单元格中的数据自动包含小数位数。

① 选中需要设置的单元格，单击右键弹出"设置单元格格式"对话框，默认显示"数字"标签，在"分类"列表框中选择"数值"选项。

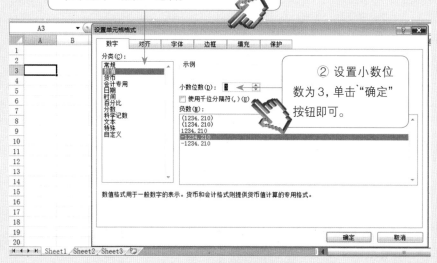

② 设置小数位数为3，单击"确定"按钮即可。

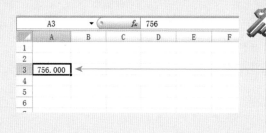

③ 在选定的单元格中输入数据，则会自动包含3位小数（如果数据已经输入，那么数据也会自动添加3位小数）。

◆设置数据有效性，防止重复输入

禁止输入重复数据

在 Excel 中输入数据，有时会被要求使某列或某个区域单元格数据具有唯一性，如身份证号码、性别、发票号码之类的数据。实际输入时，有时会出错致使数据相同，而操作者又难以发现，这时可以通过设置"数据有效性"来防止重复输入。

有效性中，允许项里，可以选择的项目有 8 个值：任何值、整数、小数、序列、日期、时间、文本长度、自定义。最精彩的应用可能就是序列与自定义了，而精彩的原因要归功于公式的应用与自定义名称。

序列的来源，可以分为四种：

直接键入：如果有效数据序列很短，可以直接将其键入"来源"框，中间用 Microsoft Windows 列表分隔符（默认状态为逗号）隔开。

单元格区域：选中要命名的单元格、单元格区域或非相邻选定区域即可。

公式运算后的结果：一些通过查找函数公式所返回的值，作为单元格区域的引用，也可以成为序列的来源。

自定义名称：如果要在其他工作表的数据输入单元格中键入有效数据序列，请定义数据序列的名称。而公式也可以用好记的自定义名称来代替。

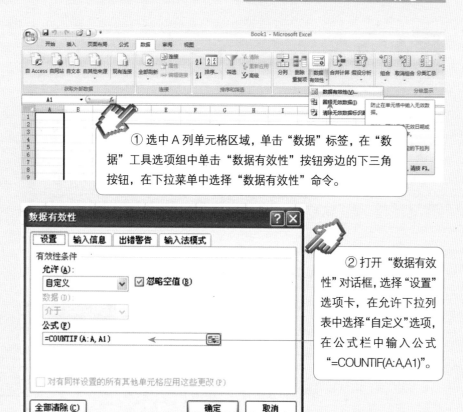

① 选中 A 列单元格区域，单击"数据"标签，在"数据"工具选项组中单击"数据有效性"按钮旁边的下三角按钮，在下拉菜单中选择"数据有效性"命令。

② 打开"数据有效性"对话框，选择"设置"选项卡，在允许下拉列表中选择"自定义"选项，在公式栏中输入公式"=COUNTIF(A:A,A1)"。

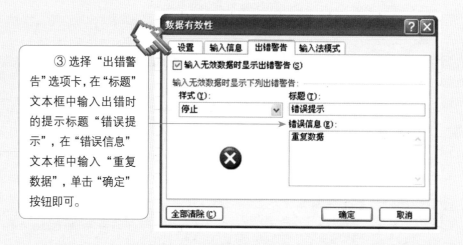

③ 选择"出错警告"选项卡，在"标题"文本框中输入出错时的提示标题"错误提示"，在"错误信息"文本框中输入"重复数据"，单击"确定"按钮即可。

自动填充，让你事半功倍

在 Excel 表格中填写数据时，经常会遇到一些在结构上有规律的数据，例如：1997、1998、1999；星期一、星期二、星期三等。对这些数据，我们可以运用填充功能，让它们自动出现在一系列的单元格中。

◆数据填充只需 1 分钟

填充功能是通过"填充柄"或"填充序列对话框"来实现的。用鼠标单击一个单元格或拖曳鼠标选定一个连续的单元格区域时，框线的右下角会出现一个黑点，这个黑点就是填充柄。

打开填充序列对话框的方法是：

单击"开始"按钮，选择"编辑"菜单下的"填充"中的"系列"即可。

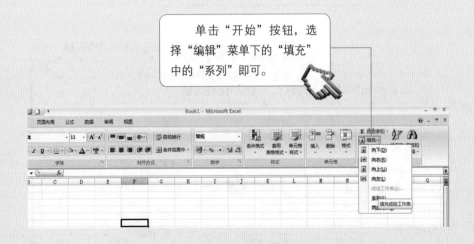

数字序列填充

数字的填充有三种方式：等差序列、等比序列、自动填充。以等差或等比序列方式填充，需要输入步长值（步长值可以是负值，也可以是小数，并不一定要为整数）、终止值（如果所选范围还未填充完就已到终止值，那么余下的单元格将不再填充；如果填充完所选范围还未达到终止值，则到此为止）。自动填充功能的作用是，将所选范围内的单元格全部用初始单元格的数值填充，也就是填充相同的数值。

例如：从工作表初始单元格 A1 开始，沿列的方向填入 20、25、30、35、40、45、50 这样一组数字序列。这是一个等差序列，初值为 20，步长 5，可以采用以下几种办法填充：

（1）利用鼠标拖曳法

拖曳法是利用鼠标按住填充柄，向上、下、左、右四个方向拖曳，来填充数据。

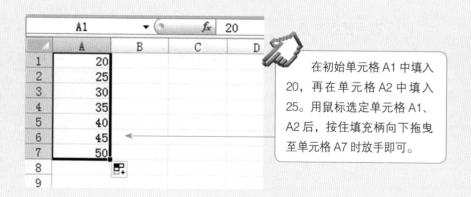

在初始单元格 A1 中填入 20，再在单元格 A2 中填入 25。用鼠标选定单元格 A1、A2 后，按住填充柄向下拖曳至单元格 A7 时放手即可。

（2）利用填充序列对话框

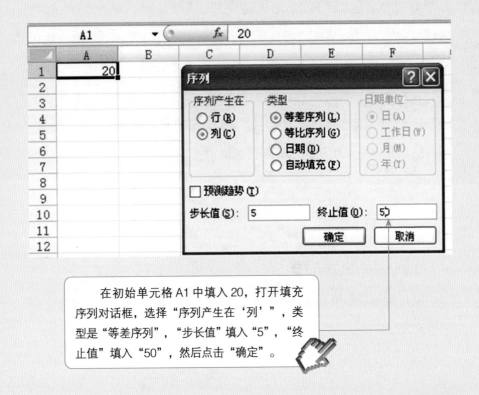

在初始单元格 A1 中填入 20，打开填充序列对话框，选择"序列产生在'列'"，类型是"等差序列"，"步长值"填入"5"，"终止值"填入"50"，然后点击"确定"。

（3）利用鼠标右键

在初始单元格 A1 中填入 20，用鼠标右键按住填充柄向下拖曳到单元格 A7 时放手。这时会出现一个菜单，选择菜单的"序列"命令，接下来的操作同利用填充序列对话框的操作方法一样。

自定义数据填充序列

在 Excel 表格中填写数据时，经常会需要输入一系列具有相同特征的数据，例如：一组按照一定顺序编号的产品型号，等等。可以将其添加到自定义序列列表中，以便日后使用。

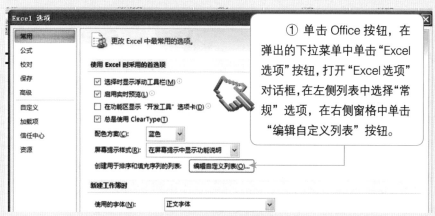

① 单击 Office 按钮，在弹出的下拉菜单中单击"Excel 选项"按钮，打开"Excel 选项"对话框，在左侧列表中选择"常规"选项，在右侧窗格中单击"编辑自定义列表"按钮。

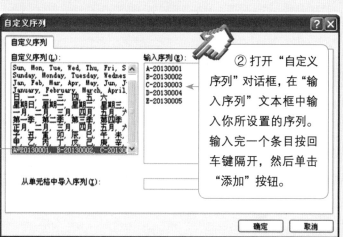

② 打开"自定义序列"对话框，在"输入序列"文本框中输入你所设置的序列。输入完一个条目按回车键隔开，然后单击"添加"按钮。

③ 新的自定义填充序列出现在左侧"自定义序列"列表框的最下方。

日期序列填充

日期序列包括日期和时间。当初始单元格中数据格式为日期时，利用填充对话框进行自动填写，"类型"自动设定为"日期"，"日期单位"中有 4 种单位按步长值（默认为 1）进行填充选择："日""工作日""月""年"。

如果选择"自动填充"功能，无论是日期还是时间，填充结果相当于按日步长为 1 的等差序列填充。利用鼠标拖曳的填充结果，与"自动填充"相同。

按工作日进行填充

在 Excel 中，可以使用拖曳的方式填充日期。但是，在填充时，可以按照工作日填充而忽略掉周六、周日吗？我们来看下文。

Attention

在工作中，除了按下"Ctrl"键进行拖曳（它是切换复制/顺序拖曳的开关）外，还可以使用右键拖曳并填充，以此实现复杂而有规律的填充。

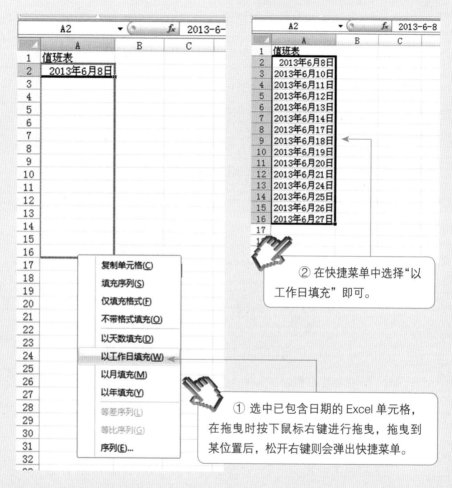

② 在快捷菜单中选择"以工作日填充"即可。

① 选中已包含日期的 Excel 单元格，在拖曳时按下鼠标右键进行拖曳，拖曳到某位置后，松开右键则会弹出快捷菜单。

文本填充

在涉及文本填充时，需要注意：

首先，文本中没有数字。填充操作都是复制初始单元格内容，填充对话框中只有自动填充功能有效，其他方式无效。

其次，文本中全为数字。在文本单元格格式中，数字被作为文本处理的情况下，填充时将按等差序列进行。

再次，文本中含有数字。无论用哪一种方法填充，字符部分不变，数字按等差序列、步长为 1（从初始单元格开始向右或向下填充，步长为正 1；从初始单元格开始向左或向上填充，步长为负 1）变化。如果文本中仅含有一个数字，数字按等差序列发生的变化与数字所处的位置无关；当文本中有两个或两个以上的数字时，只有最后面的数字才能按等差序列变化，其余数字不发生变化。

填充大量重复文本

当填充 Excel 单元格内容时，可能有一部分数据是相同的，比如说在输入县市地址或一些特殊号码的固定部分等，如果都循规蹈矩地操作，那工作量可就多得没法说了。其实，只要在单元格中稍微"动动手脚"，就会起到事半功倍的效果。

首先是选中相应的 Excel 单元格（可以是区域单元格，也可以是行或列），对准单元格单击右键鼠标，选择"设置单元格格式"，在打开的"设置单元格格式"窗口中，点击"数字"标签，在右侧的"分类"框中点击"自定义"，在类型框中例如输入"北京市 @"，点击"确定"。

① 选中需要录入内容的单元格区域，单击鼠标右键，选择"设置单元格格式"命令，打开"设置单元格格式"对话框。

② 选择"数字"选项卡，在分类列表中选择"自定义"，在类型列表中例如输入"北京市 @"，点击"确定"。

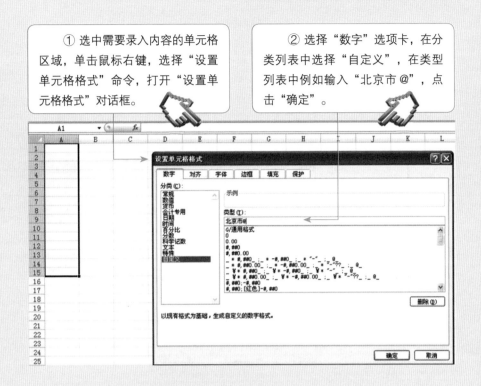

这样，只要在单元格中输入后面的单位名称即可，回车后，在输入的内容前即可自动添加"北京市"了。这样我们便无须大量重复输入"北京市"这三个字，也就大大提高了输入效率。

其次，如果想在某一组数字前，统一添加一组固定文字，比如：要输入一组车牌号，如"渝 A－×××××"等，在"设置单元格格式"窗口中，点击"数字"标签，在"分类"框中点击"自定义"，然后在类型框中输入"渝 A－#"，点击"确定"。

① 选中需要录入内容的单元格区域，单击鼠标右键，选择"设置单元格格式"命令，打开"设置"单元格格式对话框。

② 选择"数字"选项卡，在"分类"列表中选择"自定义"，在"类型"列表中输入"渝 A-#"，点击"确定"即可。

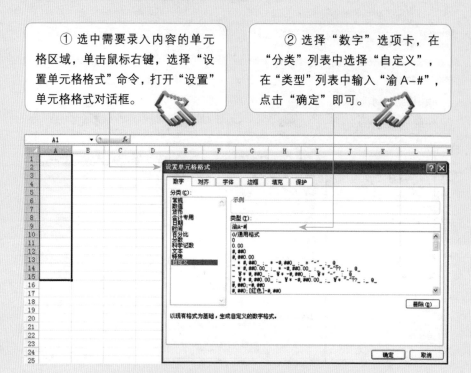

这样，只要在单元格中输入后面几位简单数字即可。回车后，在 Excel 单元格数字前即可自动添加"渝 A-"字样了。

"@"在单元格格式代码中代表文字，"#"在单元格格式代码中代表数字。

◆ 自动填充小数和公式

按小数填充

怎么操作才能让 Excel 自动按小数填充呢？比如输入 0.1 时，下拉以序列自动填充时只能填充整数部分为 0.1、1.1、2.1 等。那么，该怎样操作才能让序列成为 0.1、0.2、0.3 呢？下面讲一讲实现 Excel 自动填充的两种方法。

② 如果在 A1 单元格输入 0.1，然后下拉到 A10 单元格，单击"开始"→"编辑"→"填充"→"序列"，不设置终止值，填充便可随单元格填充，而不是一个固定的终止值。

① 在 A1 单元格输入 0.1，单击"开始"→"编辑"→"填充"→"序列"，弹出对话框，根据实际情况设置。

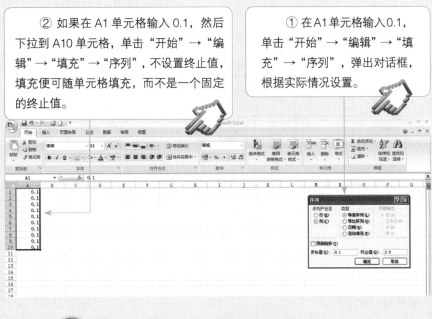

另外一种 Excel 自动填充的方法是，在 A1 单元格输入 0.1，在 A2 单元格输入 0.2，同时选择 A1、A2，然后下拉，这样也能实现 Excel 自动填充。

公式

Excel 自动填充公式也是十分方便并且经常为大家所使用的。那么，能否在新输入数据的行中自动填充上一行的公式呢？

Excel 自动填充公式的操作方法如下：

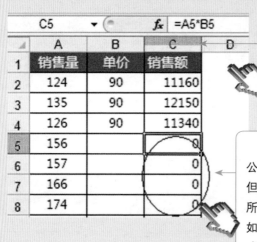

③ 将 C2 单元格的公式向下填充至少 4 行，例如：填充到 C6 单元格，之后在 C7 单元格中输入数据，则 C7 单元格将自动扩展 C6 单元格的公式。

① 有时我们在一些空行中预设了公式，使数据输入后能够自动计算。但由于公式所引用的都是空单元格，所以其计算结果通常为 0 或是错误值，如图所示，既不够美观，又因预设公式而占用资源。

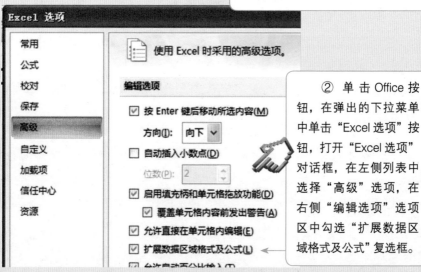

② 单击 Office 按钮，在弹出的下拉菜单中单击"Excel 选项"按钮，打开"Excel 选项"对话框，在左侧列表中选择"高级"选项，在右侧"编辑选项"选项区中勾选"扩展数据区域格式及公式"复选框。

　　那么，怎样操作，才能把公式填充到相邻的单元格中呢?

　　首先，选择包含你要填充到相邻单元格中的公式的单元格。然后，将填充柄（填充柄是位于选定区域右下角的小黑方块。用鼠标指向填充柄时，鼠标的指针便会更改为黑十字）拖过要填充的单元格。如果你想选择填充所选内容的填充方式，请单击"自动填充选项"，然后单击所需的选项即可。

　　你还可以通过使用"填充"命令（在"开始"选项卡上的"编辑"组中）用相邻单元格的公式填充活动单元格，或通过按"Ctrl+D"或"Ctrl+R"快捷键，填充包含公式的单元格下方或右侧的单元格。

　　对于应用某个公式的所有相邻单元格，你可以使系统自动向下填充这个公式，方法是双击包含公式的第一个单元格的填充柄。例如：在单元格 A1:A15 和 B1:B15 中均含有数字，并且你已在单元格 C1 中键入公式" =A1+B1"。如果你要将该公式复制到单元格 C2:C15 中，那么请选中单元格 C1 并双击填充柄。

第*4*章

最靠谱的专业化表格

你是不是经常在做完表格之后，突然发现它简直太难看了……

下面，我们来看看最靠谱的专业化表格的设计方法吧！

单元格的编辑技巧

单元格样式是一组已定义的格式特征，如：字体和字号、数字格式、单元格边框和单元格底纹。要防止任何人对特定单元格进行更改，可以锁定单元格的单元格样式。

◆打造你的专属单元格样式

如果大部分表格的标题都要采用统一的样式，那么既可以运用 Excel 应用或修改的内置单元格样式，也可以修改或复制单元格样式，以此来打造一个你的专属单元格样式。

① 选择要设置格式的单元格，在"开始"选项卡上的"样式"组中，单击"单元格样式"。

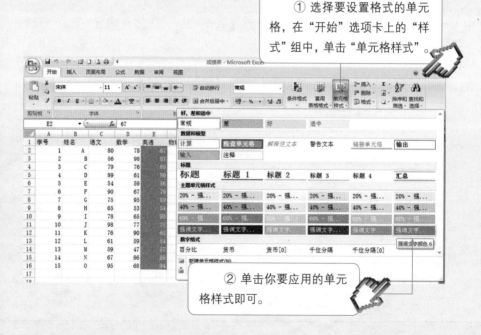

② 单击你要应用的单元格样式即可。

应用单元格样式

要在一个步骤中应用几种格式，并且确保每个单元格格式一致，就可以使用单元格样式。

Excel 操作一般遵循"先选中后操作"的原则，即须先选定所需设定的单元格，再进行设置。

创建自定义单元格样式

② 如图，在"样式名"框中，为新单元格样式键入适当的名称。在"样式"对话框中的"包括样式"下，清除你不需要的单元格样式。

① 在"开始"选项卡上的"样式"组中，单击"单元格样式"，选择"新建单元格样式"。

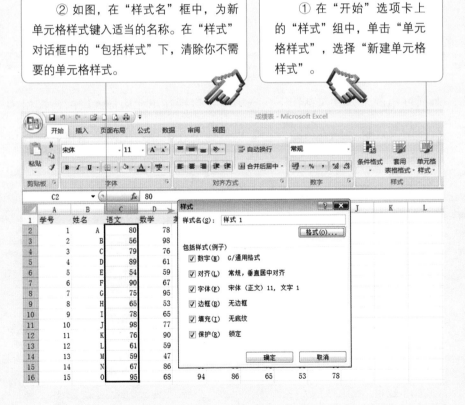

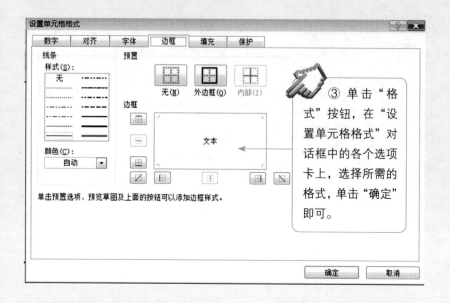

③ 单击"格式"按钮，在"设置单元格格式"对话框中的各个选项卡上，选择所需的格式，单击"确定"即可。

修改并创建单元格样式

在"样式名"框中，为新单元格样式键入适当的名称。在"样式"对话框中的"样式包括"下，选中与要包括在单元格样式中的格式相对应的复选框，或者清除与不想包括在单元格样式中的格式相对应的复选框。

要修改单元格样式，单击"格式"，在"设置单元格格式"对话框中的各个选项卡上，选择所需的格式，然后单击"确定"。

单元格样式基于应用于整个工作簿的文档主题。当切换到另一文档主题时，单元格样式会更新，以便与新文档主题相匹配。

③ 要创建现有的单元格样式的副本，请用右键单击该单元格样式，然后单击"复制"。

① 在"开始"选项卡上的"样式"组中，单击"单元格样式"。

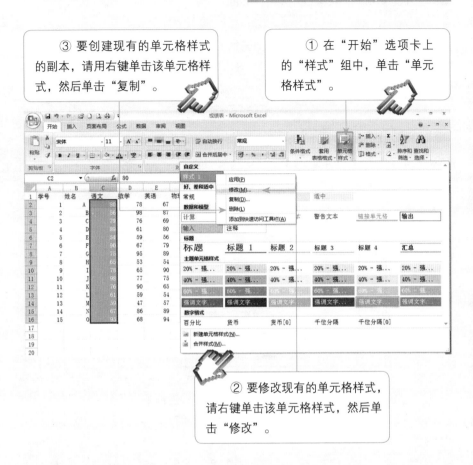

② 要修改现有的单元格样式，请右键单击该单元格样式，然后单击"修改"。

删除单元格样式

要从选择的单元格中删除单元格样式而不删除单元格样式本身，请选择由该单元格样式来设置格式的单元格。

"常规"单元格样式不能删除。

② 要从选定的单元格中删除单元格样式而不删除单元格样式本身，请在"好、差和适中"下单击"常规"。

① 在"开始"选项卡上的"样式"组中，单击"单元格样式"。

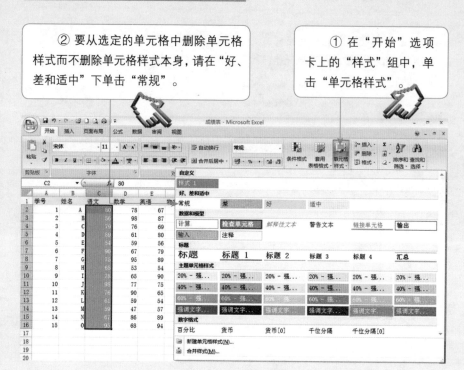

③ 要删除单元格样式并从使用该样式进行格式设置的所有单元格中删除它，请右键单击该单元格样式，然后单击"删除"。

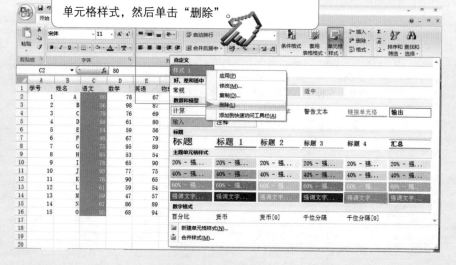

向不同单元格中录入相同数据

有时候，需要在多个单元格中录入相同的内容，使用复制、粘贴的方法能够快速解决。但是，如果单元格过多，想一次在所有需要输入同一数据的单元格中输入相同的数据，可以通过如下方法来操作。

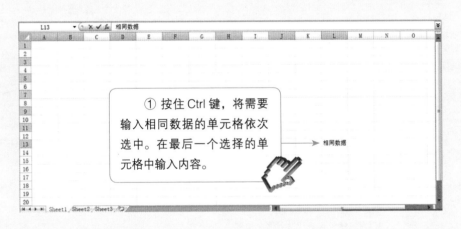

① 按住 Ctrl 键，将需要输入相同数据的单元格依次选中。在最后一个选择的单元格中输入内容。

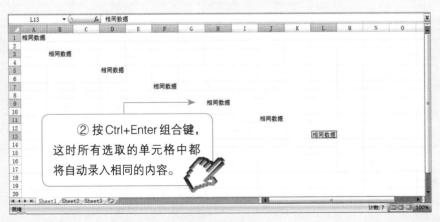

② 按 Ctrl+Enter 组合键，这时所有选取的单元格中都将自动录入相同的内容。

◆完整显示单元格内容

默认情况下，在 Excel 单元格中输入的内容长度大于单元格的宽度时，如果右侧单元格为空白，则多出的部分会显示在右侧的单元格中，如果右侧单元格中有内容，则多出的部分就不显示。那么，要采取什么样的方式才能让单元格中的内容显示完整呢？

方法一　让单元格内容自动换行

① 选中要设置的单元格区域，单击右键，在快捷菜单中选择"设置单元格格式"选项，弹出"设置单元格格式"对话框。

② 切换到"对齐"选项卡，勾选"自动换行"复选框。

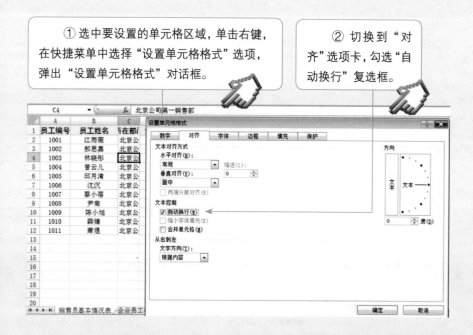

选中文字之后，单击"开始"选项卡下"对齐方式"选项组中的"自动换行"按钮，也可以将此处的文字以自动换行来显示。

	C4		▼	*fx*	北京公司第一销售部		
	A	B	C	D	E	F	G
1	员工编号	员工姓名	所在部门	1月销售额	2月销售额	3月销售额	总额
2	1001	江雨薇	北京公	￥3,000	￥3,015	￥5,640	￥11,655
3	1002	郝思嘉	北京公	￥2,560	￥2,000	￥2,000	￥6,560
4	1003	林晓彤	北京公司第一销售部	￥2,500	￥2,500	￥2,500	￥7,500
5	1004	曾云儿	北京公	￥2,870	￥2,500	￥2,870	￥8,240
6	1005	邱月清	北京公	￥3,000	￥2,870	￥3,000	￥8,870
7	1006	沈沉	北京公	￥2,870	￥3,000	￥3,000	￥8,870
8	1007	蔡小蓓	北京公	￥3,000	￥3,000	￥2,870	￥8,870
9	1008	尹南	北京公	￥3,450	￥2,870	￥3,000	￥9,320
10	1009	陈小旭	北京公	￥3,000	￥5,600	￥2,780	￥11,380

③ 单击确定按钮，如图所示，单元格内的文字已经自动换行。

方法二 自动缩小以适应单元格

① 选中要设置的单元格区域，单击右键，在快捷菜单中选择"设置单元格格式"选项，弹出"设置单元格格式"对话框。

② 切换到"对齐"选项卡，勾选"缩小字体填充"复选框。

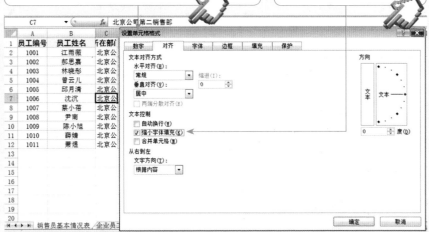

一看就懂的 Excel 办公技巧全图解

用"缩小字体以填充"功能缩小显示之后，字体有可能会模糊不清，所以一般对不需要的信息或链接才进行缩小显示的操作。选中该单元格，编辑栏中的字体将正常显示。

③ 单击确定按钮，如图所示，单元格内的文字已经自动缩小了。

方法三　自动调整列宽

② 选择"自动调整列宽"或者"自动调整行高"即可。

① 选中单元格区域，在"开始"选项卡下单击"格式"下的三角按钮。

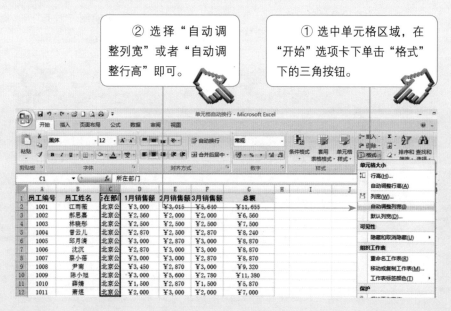

104

整体缩小单元格

当你想把 Excel 表格整体缩小时，该怎样去快速完成呢？接下来告诉你。

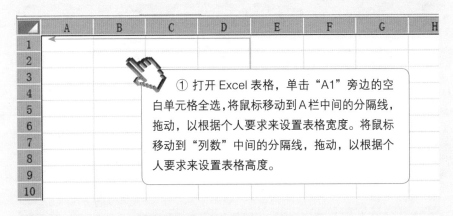

① 打开 Excel 表格，单击 "A1" 旁边的空白单元格全选，将鼠标移动到 A 栏中间的分隔线，拖动，以根据个人要求来设置表格宽度。将鼠标移动到 "列数" 中间的分隔线，拖动，以根据个人要求来设置表格高度。

② 完成设置后表格整体都缩小了。

◆3. 让行列标题始终显示

在查看很长或者很宽的大型工作表时，向下滚动或者向右拖动表格之后，就无法看到首行或者首列的标题了，这给我们查看数据造成了很大的不便。下面，我们就来看看怎样让首行和首列始终显示吧。

冻结首行和首列

工作表太长的时候，向下滚动的话就看不到首行的标题了，不方便查看数据。有什么办法可以让首行的标签始终显示吗？当然有啦！

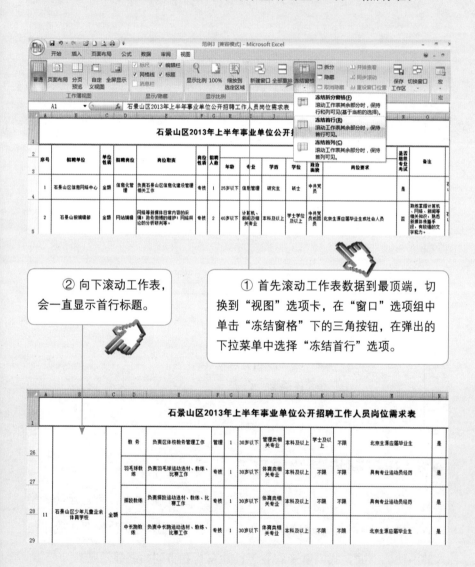

② 向下滚动工作表，会一直显示首行标题。

① 首先滚动工作表数据到最顶端，切换到"视图"选项卡，在"窗口"选项组中单击"冻结窗格"下的三角按钮，在弹出的下拉菜单中选择"冻结首行"选项。

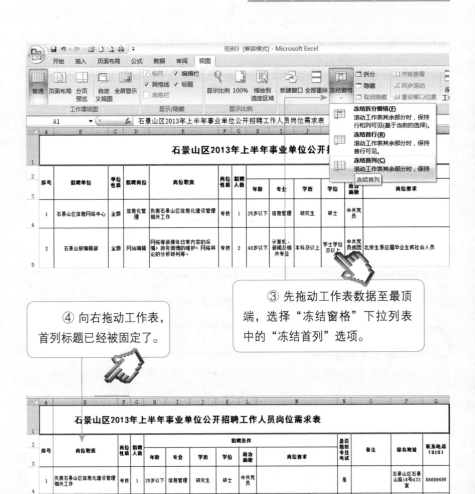

④ 向右拖动工作表，首列标题已经被固定了。

③ 先拖动工作表数据至最顶端，选择"冻结窗格"下拉列表中的"冻结首列"选项。

如果想冻结首列，方法同上所述。

始终显示行和列标题

Excel 不仅可以同时冻结左侧的列和顶部的行，还可以同时冻结多行多列。

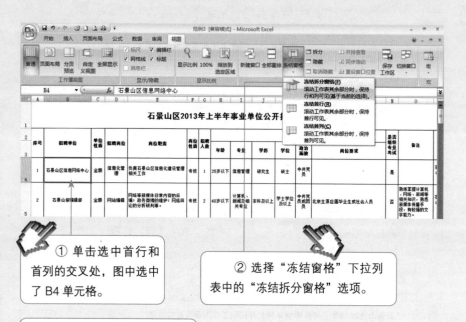

① 单击选中首行和首列的交叉处，图中选中了 B4 单元格。

② 选择"冻结窗格"下拉列表中的"冻结拆分窗格"选项。

③ 瞧，首行首列已经冻结了。

要想冻结多行、多列，可按照下面的方法操作。

① 单击需要冻结的行列交叉处。图中以冻结首行和前 4 列为例，选中 E2 单元格。

②单击"拆分"按钮，可见工作表被拆分成了几个部分。

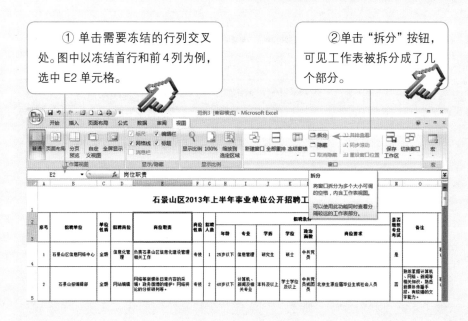

③ 单击"冻结窗格"下的三角按钮，选择"冻结拆分窗格"选项即可。

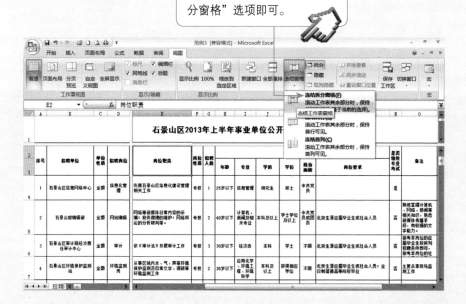

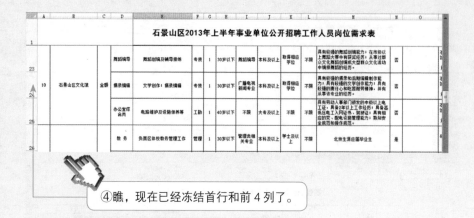

④瞧，现在已经冻结首行和前 4 列了。

◆4. 斜线表头有花样

工作中，有时候需要在 Excel 中绘制带有斜线的表头，并且表头斜线上下还都得有文字。那么，到底应该怎样来绘制斜线表头呢？

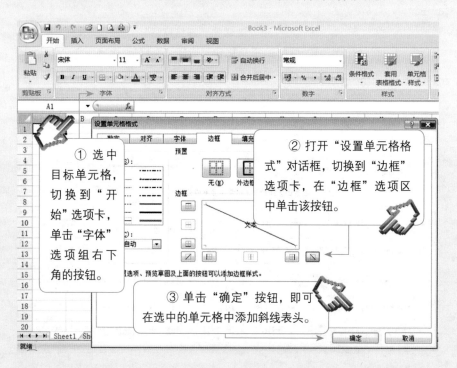

① 选中目标单元格，切换到"开始"选项卡，单击"字体"选项组右下角的按钮。

② 打开"设置单元格格式"对话框，切换到"边框"选项卡，在"边框"选项区中单击该按钮。

③ 单击"确定"按钮，即可在选中的单元格中添加斜线表头。

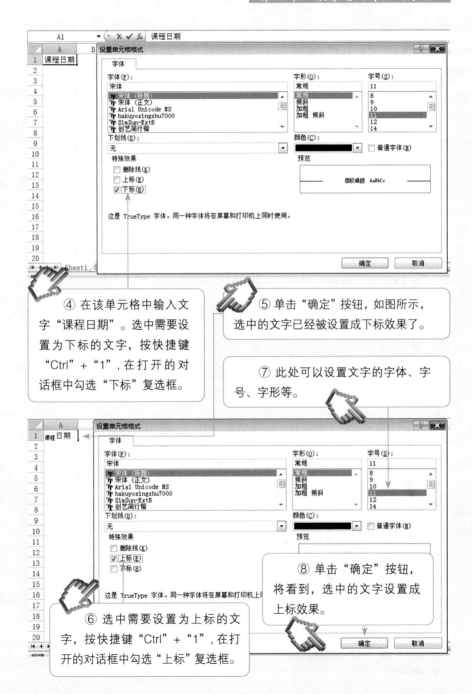

④ 在该单元格中输入文字"课程日期"。选中需要设置为下标的文字，按快捷键"Ctrl"+"1"，在打开的对话框中勾选"下标"复选框。

⑤ 单击"确定"按钮，如图所示，选中的文字已经被设置成下标效果了。

⑦ 此处可以设置文字的字体、字号、字形等。

⑧ 单击"确定"按钮，将看到，选中的文字设置成上标效果。

⑥ 选中需要设置为上标的文字，按快捷键"Ctrl"+"1"，在打开的对话框中勾选"上标"复选框。

给你的 Excel 表格做个美容

Excel 中有很多主题方案可以直接应用到表格中，应用"主题方案"这一功能，不但可以让多个工作表具有统一的外观风格，并且在商业展示的时候，可以让你的表格显得更专业。

◆应用 Excel 主题，一键完成表格美化

主题方案其实就是格式设置的集合，其中包含对工作表中的字体、字号、字形、填充、边框、对齐方式、颜色等各项格式的设置。

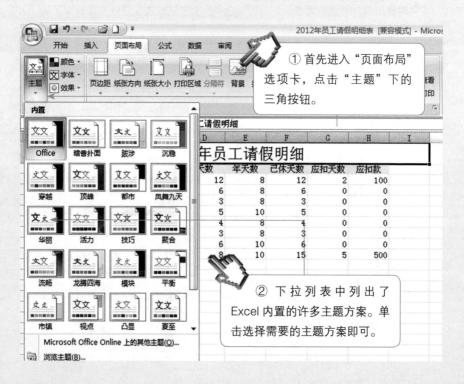

① 首先进入"页面布局"选项卡，点击"主题"下的三角按钮。

② 下拉列表中列出了 Excel 内置的许多主题方案。单击选择需要的主题方案即可。

	A	B	C	D	E	F	G	H	I
1				2013年员工请假明细					
2	日期	姓名	类别	天数	年天数	已休天数	应扣天数	应扣款	
3	2013年6月1日	张三	高假	12	8	12	8	100	
4	2013年6月3日	李四	事假	6	8	6	0	0	
5	2013年6月4日	王五	事假	3	8	3	0	0	
6	2013年6月5日	赵六	事假	5	10	5	0	0	
7	2013年6月6日	曹七	年假	4	8	4	0	0	
8	2013年6月7日	于二	年假	3	8	3	0	0	
9	2013年6月10日	王五	事假	6	10	6	0	0	
10	2013年6月11日	赵六	高假	8	10	15	5	500	

③ 此图中，工作表中已经应用了选择的主题方案，表格文字字体、字号、字形均发生了改变。

在"主题"下拉列表中，选择"保存当前主题"选项，可以将当前工作表中的格式设置保存成主题，该主题之后可以用在其他需要相同格式的表格中。

◆ 有图有真相，让图片来说话

在 Excel 表格中插入图片，可以在视觉上增强趣味性，插入图片之后还可以调整色调并应用各种效果。

在插入图片的时候，为了保证图片的清晰度，防止图片被压缩而影响打印或者放大的效果，可以设置图像的大小和质量。单击"文件"标签，选择"选项"命令，在弹出的对话框中切换至"高级"选项卡，勾选"不压缩文件中的图像"复选框即可。

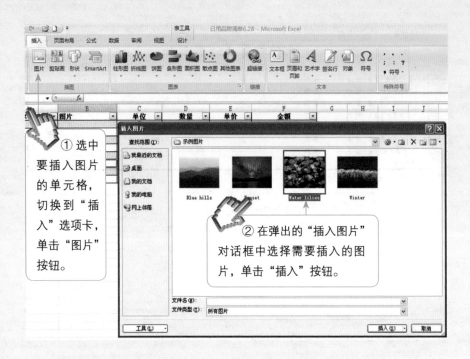

① 选中要插入图片的单元格，切换到"插入"选项卡，单击"图片"按钮。

② 在弹出的"插入图片"对话框中选择需要插入的图片，单击"插入"按钮。

③ 工作表中插入图片后，把图片移动到适当的位置，并调整控制手柄更改图片的大小和方向。

④ Excel 功能区里出现"图片工具"—"格式"选项卡，在此处可以给图片添加各种艺术效果、边框，也可以裁剪图片。

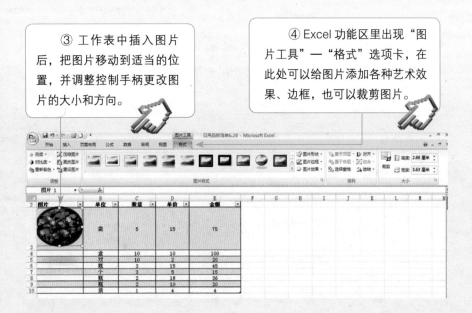

用 Excel 中的裁剪工具修剪图片

在向 Excel 表格中添加图片时，图片大了会遮住单元格中的内容，而如果缩小图片，整体效果又会不好看。下面教你在 Excel 中用裁剪工具将图片的重要部分裁剪出来。

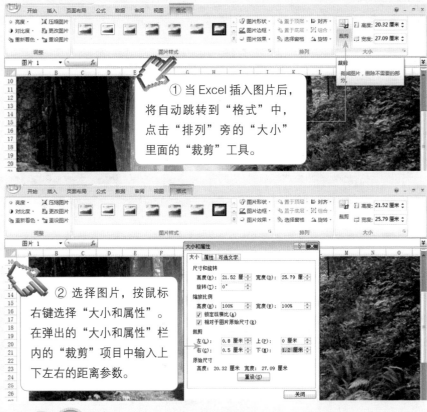

① 当 Excel 插入图片后，将自动跳转到"格式"中，点击"排列"旁的"大小"里面的"裁剪"工具。

② 选择图片，按鼠标右键选择"大小和属性"。在弹出的"大小和属性"栏内的"裁剪"项目中输入上下左右的距离参数。

不嫌麻烦的话，可以直接按住"四周"的边框拖动，也可以裁剪图片。

115

◆创建 SmartArt 流程图

一般做组织结构图或者业务流程图的时候，可以采用 SmartArt 图形来完成。Excel 提供了多种 SmartArt 图形，这些图形可以让流程看起来更直观。

轻松创建 SmartArt 流程图

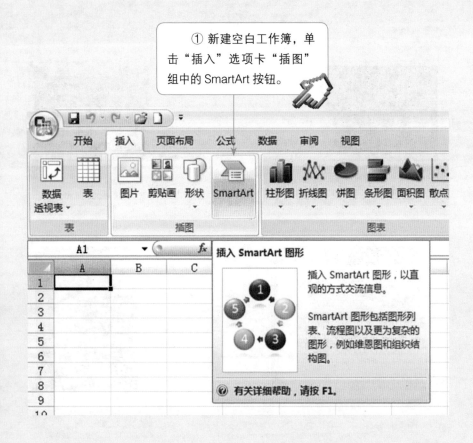

① 新建空白工作簿，单击"插入"选项卡"插图"组中的 SmartArt 按钮。

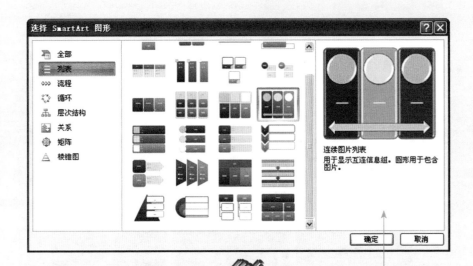

③ 单击"确定"按钮，将流程图添加到工作表中，效果如图所示。

② 弹出"选择 SmartArt 图形"对话框。在左侧列表中选择"列表"选项，在右侧的选项区中选择上图所示的选项。

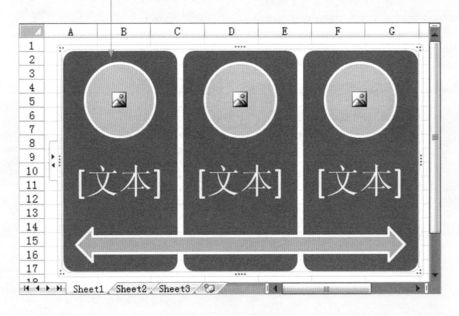

巧妙设置你的流程图

在工作表中创建了 SmartArt 图形之后，并不能完美体现其作用，我们还需要对其进行相应的设置。

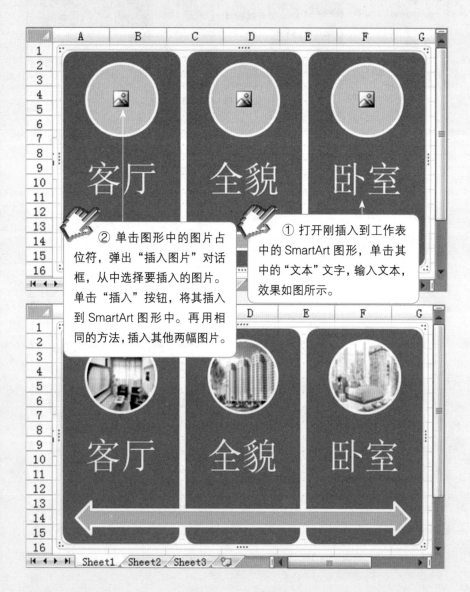

② 单击图形中的图片占位符，弹出"插入图片"对话框，从中选择要插入的图片。单击"插入"按钮，将其插入到 SmartArt 图形中。再用相同的方法，插入其他两幅图片。

① 打开刚插入到工作表中的 SmartArt 图形，单击其中的"文本"文字，输入文本，效果如图所示。

③ 选中右侧的"卧室"结构，单击鼠标右键，在弹出的快捷菜单中选择"添加形状"—"在后面添加形状"选项。

④ 在刚添加的结构中输入文本，再插入对应图片即可。

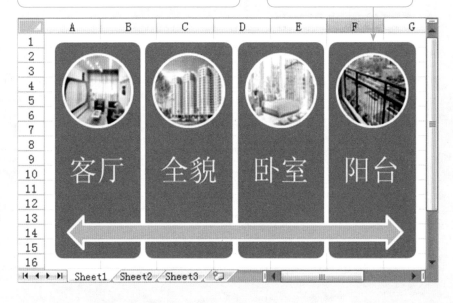

美化 SmartArt 流程图

制作完 SmartArt 流程图之后，记得要在"SmartArt 图形"—"格式"选项卡中将其美化一下。

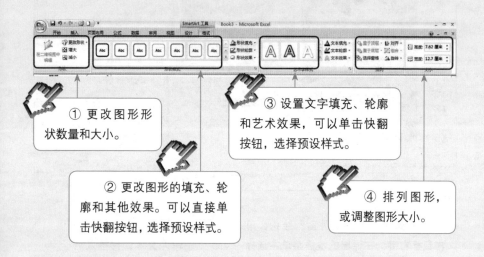

① 更改图形形状数量和大小。

② 更改图形的填充、轮廓和其他效果。可以直接单击快翻按钮，选择预设样式。

③ 设置文字填充、轮廓和艺术效果，可以单击快翻按钮，选择预设样式。

④ 排列图形，或调整图形大小。

◆ 让你的表格更整洁

单元格的内容可以采用多种对齐方式，包括左对齐、右对齐、居中对齐等。合理地应用各种对齐方式，可以让表格看上去更加整洁、美观。

在"设置单元格格式"对话框的"填充"选项卡下，可以设置单元格的填充效果，比如可以对列标题进行颜色填充。

① 选择要设置文本对齐的单元格，单击右键，在快捷菜单中选择"设置单元格格式"命令。

② 弹出"设置单元格格式"对话框，单击"对齐"标签，然后根据需要设置文本对齐方式即可。

调整姓名列

制作的表格中有姓名列的时候，因为名字的字数不一样，所以会显得不整齐、不协调；如果输入空格进行调整，又会浪费很多时间和精力，况且空格的位置不确定，空格的数量也不确定。下面告诉你一个解决该问题的小技巧。

① 选中表格中的姓名列，单击"开始"选项卡下"对齐方式"组右下角的按钮，弹出"设置单元格格式"对话框。

② 单击"水平对齐"下拉列表框右侧的下拉按钮，在弹出的下拉列表中选择"分散对齐（缩进）"选项。

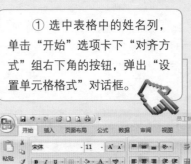

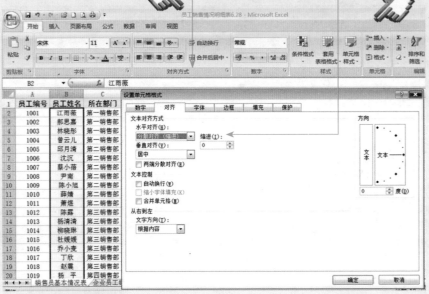

	A	B	C	D	E	F	G	H	I	J	K
1	员工编号	员工姓名	所在部门	1月销售额	2月销售额	3月销售额	4月销售额	5月销售额	6月销售额	总额	排名
2	1001	江 雨 薇	第一销售部	¥3,000	¥3,015	¥5,640	¥2,000	¥3,000	¥3,000	¥19,655	2
3	1002	郝 思 嘉	第一销售部	¥2,560	¥2,000	¥2,000	¥2,400	¥2,000	¥1,500	¥12,460	50
4	1003	林 晓 彤	第一销售部	¥2,500	¥2,500	¥2,500	¥2,870	¥1,500	¥2,000	¥13,870	43
5	1004	曾 云 儿	第一销售部	¥2,870	¥2,500	¥2,870	¥3,000	¥2,000	¥3,000	¥16,240	20
6	1005	邱 月 清	第二销售部	¥3,000	¥2,870	¥3,000	¥3,000	¥2,000	¥5,600	¥19,470	4
7	1006	沈 沉	第二销售部	¥2,870	¥3,000	¥3,000	¥2,870	¥1,500	¥2,870	¥16,110	21
8	1007	蔡 小 蓓	第二销售部	¥3,000	¥3,000	¥2,870	¥3,000	¥2,000	¥3,000	¥16,870	14
9	1008	尹 南	第二销售部	¥3,450	¥3,870	¥3,000	¥3,000	¥2,500	¥2,870	¥17,690	12
10	1009	陈 小 旭	第二销售部	¥3,000	¥5,600	¥2,780	¥2,000	¥2,870	¥3,000	¥19,250	6
11	1010	薛 婧	第二销售部	¥1,500	¥2,870	¥1,500	¥2,000	¥3,000	¥3,000	¥13,870	43
12	1011	萧 煜	第二销售部	¥3,000	¥3,000	¥3,000	¥3,000	¥2,870	¥2,870	¥14,870	32
13	1012	陈 露	第三销售部	¥3,000	¥3,000	¥3,000	¥2,000	¥2,870	¥3,000	¥16,870	14
14	1013	杨 清 清	第三销售部	¥2,500	¥2,000	¥2,870	¥2,500	¥2,870	¥1,500	¥14,240	41
15	1014	柳 晓 琳	第三销售部	¥3,500	¥4,000	¥3,000	¥2,870	¥3,000	¥2,000	¥18,370	8
16	1015	杜 媛 媛	第三销售部	¥3,000	¥3,000	¥3,000	¥3,000	¥2,000	¥1,000	¥15,000	29
17	1016	乔 小 麦	第三销售部	¥3,000	¥3,000	¥5,600	¥3,000	¥2,870	¥5,600	¥23,070	1

③ 单击"确定"按钮，分散对齐姓名后的单元格效果如图所示。

◆删除表格中的重复项

运用 Excel 可以在"数据"选项卡下的"数据工具"选项组中直接将重复的数据删除，省略了一个个对比查找重复项的工作。

① 选中需要删除重复项的表格区域，切换到"数据"选项卡，单击"数据工具"选项组中的"删除重复项"按钮。

② 在弹出的"删除重复项警告"对话框中单击"删除重复项"。

③ 这时候会弹出"删除重复项"对话框，单击"取消全选"按钮，勾选"姓名"复选框，单击"确定"按钮。

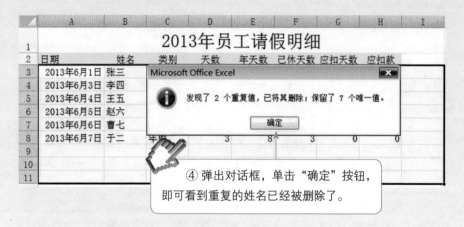

④ 弹出对话框，单击"确定"按钮，即可看到重复的姓名已经被删除了。

◆ 给大型表格添加页码

在制作大型报表的时候，为了便于查看，一般会为其添上页码。而且添加页码之后也方便打印。试想：一个十几页的连续表格，如果没有页码，打印后一旦页面顺序弄乱了，会是一件多么麻烦的事情。那么，怎样给工作表插入页码呢？

除此之外，在页眉和页脚中，还可以添加这些内容。

① 切换到"插入"选项卡，在"文本"选项组中单击"页眉和页脚"按钮。这时，功能区会出现"页码和页脚工具"—"设计"标签，切换到该选项卡。

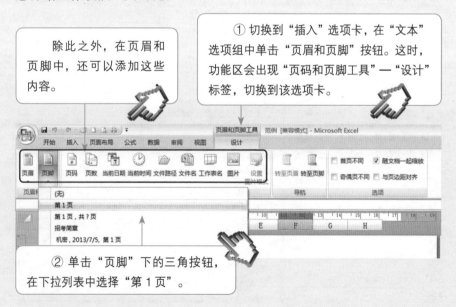

② 单击"页脚"下的三角按钮，在下拉列表中选择"第 1 页"。

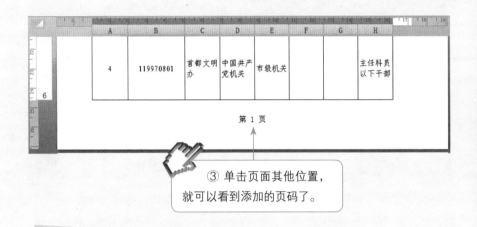

第 1 页

③ 单击页面其他位置，就可以看到添加的页码了。

为奇偶页或首页设置不同的页眉页脚

添加页眉的方法非常简单，来看下面这个例子。

③ 勾选"奇偶页不同"或"首页不同"复选框，即可。

② "页码和页脚工具"—"设计"选项卡下，提供了页眉和页脚的设计工具。通过设置"选项"组中的选项，可以为奇偶页或首页设置不同的页眉页脚。

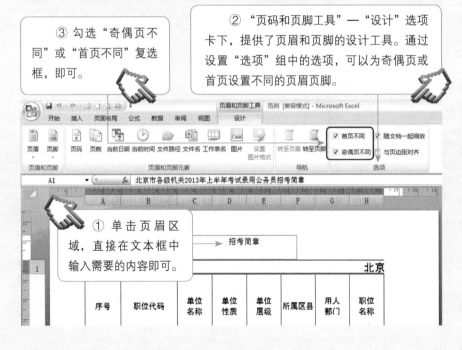

① 单击页眉区域，直接在文本框中输入需要的内容即可。

◆让表格实现专业化

给工作表添加背景

为了让工作表显得更加美观，我们不仅可以为工作表设置单元格格式、决定网格线的有无或者填充效果，还可以给工作表添加图片背景，使文档更加美观。

① 切换到"页面布局"选项卡，单击"页面设置"选项组中的"背景"按钮。

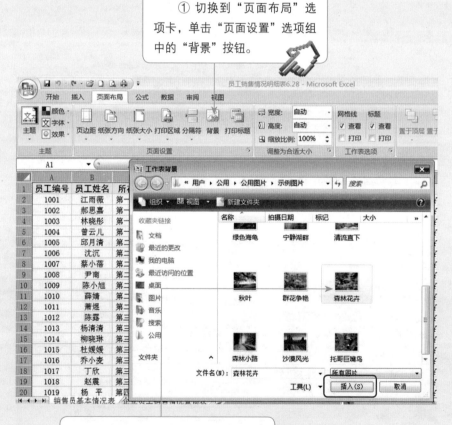

② 在打开的"工作表背景"对话框中选择所需要的背景图片。

员工编号	员工姓名	所在部门	1月销售额	2月销售额	3月销售额	4月销售额	5月销售额	6月销售额	总额	排名
1001	江用薇	第一销售部	¥3,000	¥3,015	¥3,640	¥2,000	¥3,000	¥3,000	¥19,655	2
1002	郝思嘉	第一销售部	¥2,560	¥2,000	¥2,000	¥2,400	¥3,000	¥1,500	¥13,360	50
1003	林晓彤	第一销售部	¥2,500	¥2,500	¥2,500	¥2,870	¥1,500	¥2,000	¥13,870	43
1004	曾云儿	第一销售部	¥2,870	¥2,500	¥2,870	¥3,000	¥2,000	¥3,000	¥16,240	20
1005	邱月清	第二销售部	¥2,870	¥2,870	¥3,000	¥3,000	¥2,000	¥5,600	¥19,370	4
1006	沈沉	第二销售部	¥2,870	¥3,000	¥3,000	¥2,870	¥1,500	¥2,870	¥16,110	21
1007	蔡小蓓	第二销售部	¥2,870	¥3,000	¥2,870	¥3,000	¥2,000	¥3,000	¥16,870	14
1008	尹南	第二销售部	¥3,450	¥2,870	¥3,000	¥3,000	¥2,500	¥2,870	¥17,690	12
1009	陈小旭	第二销售部	¥3,000	¥5,600	¥2,780	¥2,000	¥2,870	¥3,000	¥19,250	6
1010	薛婧	第二销售部	¥1,500	¥2,870	¥1,500	¥2,000	¥3,000	¥2,870	¥13,870	43
1011	萧煜	第二销售部	¥2,000	¥3,000	¥3,000	¥3,000	¥3,000	¥2,870	¥14,870	32
1012	陈露	第三销售部	¥3,000	¥2,000	¥3,000	¥3,000	¥2,870	¥3,000	¥16,870	14
1013	杨清清	第三销售部	¥2,500	¥2,500	¥2,870	¥2,870	¥1,500	¥2,000	¥14,240	41
1014	柳晓琳	第三销售部	¥3,500	¥4,000	¥3,000	¥2,870	¥2,000	¥3,000	¥18,370	8
1015	杜媛媛	第三销售部	¥2,000	¥2,000	¥2,000	¥3,000	¥3,000	¥3,000	¥15,000	29
1016	乔小麦	第三销售部	¥3,000	¥3,000	¥5,600	¥3,000	¥2,870	¥5,600	¥23,070	1
1017	丁欣	第三销售部	¥2,500	¥2,870	¥3,000	¥2,870	¥3,000	¥2,870	¥16,110	21
1018	赵震	第三销售部	¥2,870	¥3,000	¥2,500	¥2,500	¥2,500	¥3,000	¥16,370	19
1019	杨平	第四销售部	¥3,000	¥3,000	¥5,640	¥2,000	¥3,000	¥3,000	¥19,640	3

③ 单击"插入"按钮，即可呈现设置后的最终效果。

背景网格线的取舍

Excel 在默认情况下会显示灰色的网格线，但这个网格线可以对显示效果产生很大的影响。如果有网格线，会让人认为"这是一张以数据为主的表格"。而去掉网格线之后，则会使人们将观察重点放在工作表的内容上。因此，以表格为主的工作表可以保留网格线，而以文字说明为主的工作表最好去掉网格线。

去掉网格线的方法非常简单，在"设置单元格格式"对话框的"边框"选项卡下，单击"预置"选项组中的"无"按钮即可。

边框与填充，让表格丰富多彩

你是不是经常在做完表格之后，突然发现它简直太难看了……

下面，我们来看看表格边框的设计方法吧。

① 选择需要设置边框的区域，单击右键，在快捷菜单中选择"设置单元格格式"选项，弹出"设置单元格格式"对话框。

② 切换到"边框"选项卡，选择线条的样式，设置边框线条的颜色。

③ 决定在哪些位置添加边框。

边框线能够让数据更加清晰、整洁，但是填充效果也同样重要。为关键数据填充颜色，可以让读表格的人立刻关注到这些重点数据。

① 选择需要填充颜色的区域。单击右键，在快捷菜单中选择"设置单元格格式"选项，弹出"设置单元格格式"对话框。

⑤ 还可以设置图案填充，在"图案颜色"下拉列表中选择图案的颜色。

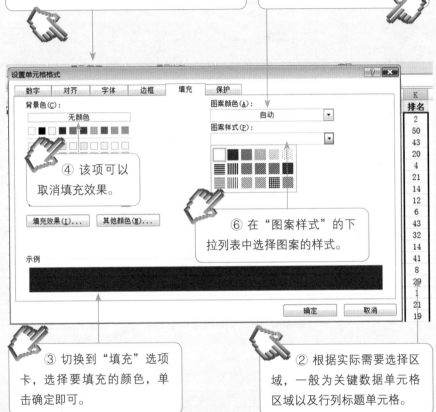

④ 该项可以取消填充效果。

⑥ 在"图案样式"的下拉列表中选择图案的样式。

③ 切换到"填充"选项卡，选择要填充的颜色，单击确定即可。

② 根据实际需要选择区域，一般为关键数据单元格区域以及行列标题单元格。

　　千万别给表格填充太多的颜色，能达到简洁、突出的效果就行了。

第 5 章

你也能成为图表高手

　　漂亮的图表外观不仅可以有效地表达、表现数据，更能给人一种专业的感觉。

　　"一图抵千言"，数据图表直观形象，在读图时代的今天——

　　用数据说话！用图表说话！

认清图表的真面目

在今天的职场，用数据说话、用图表说话，已经蔚然成风。有人曾经说过："给我 10 页纸的报告，必须有 9 页是数据和图表分析，还有 1 页是封面。"这话或许有些夸张，但却说明了数据图表的重要性。

◆你离专业图表有多远

正所谓"一图抵千言"，数据图表直观形象，可以一目了然地反映数据的特点和内在规律，在较小的空间里承载了较多的信息。特别是在读图时代的今天，显得更加重要，更加受欢迎。

"文不如表，表不如图"，说的也是能用表格反映的就不要用文字，能用图反映的就不要用表格。一份制作精美、外观专业的图表，至少可以起到以下三个方面的作用：

有效传递信息，促进沟通。这是我们运用图表的首要目的，揭示数据内在规律，帮助理解数据，利于决策分析。

塑造可信度。一份粗糙的图表会让人怀疑其背后的数据是否准确，而严谨专业的图表则会给人以可信任感，提高数据和报告的可信度，从而为你的报告增色不少。

传递专业、敬业、值得信赖的职业形象。专业的图表会让你的文档或演示引人注目、不同凡响，极大提升职场核心竞争力，为个人发展加分，为成功创造机会。

可是，在我们平时的工作中，见到的却大多是平庸的，甚至是拙劣的 Excel 图表和报告。图表制作者们不知道或者是懒得去修改那些默认的设置。但是，这样的图表又怎么能让人相信其背后的数据是准确的呢？

项目	专业图表的四个特点
专业的外观	图表制作精良，专业协调。我们或许不知道它专业在哪里，但有一点可以确定，那就是在图表中很少能看到 Office 软件中默认的颜色、字体和布局
简洁的类型	图表只使用一些最基本的图表类型，绝不复杂。不需要多余的解释，任何人都能看懂图表的意思，真正起到了图表的沟通作用
明确的观点	在图表的标题中明白无误地直陈观点，不需要读者再去猜测制图者的意思，确保信息传递的高效率，不会出现偏差
完美的细节	对每一个图表元素的处理，几乎达到完美的程度。一丝不苟之中透露出百分百的严谨，好像这不是一份图表，而是一件艺术品。在很大程度上，正是这些无微不至的细节处理，体现出了图表的专业性。而这往往是我们普通图表不会注意到的地方

◆这就是图表

　要制作专业图表，首先要认识一下图表是什么样子的。在"插入"选项卡下的"图表"选项中，有各种各样的图表类型。

图表的常见要素

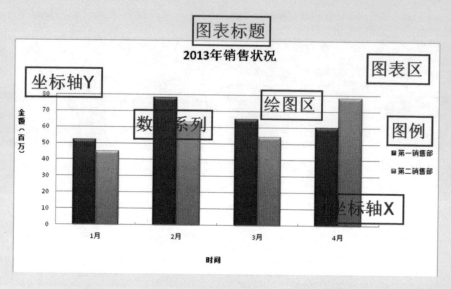

① 数据表要素。

② 三维背景要素：三维背景由基座和背景墙组成。

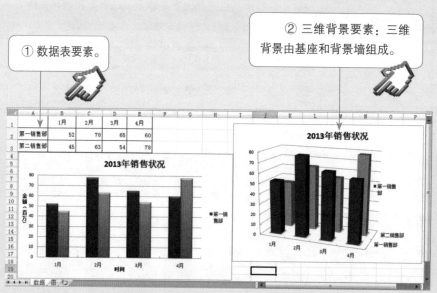

Excel 的多种图表类型

当我们制作图表时，首先要考虑的是"让阅读图表的人得到什么样的信息"，然后才可以根据数据的种类和特征，选择合适的图表。

Excel 提供有 14 种标准图表类型（73 种子图表类型），以及 20 种自定义图表类型。

① 切换到"插入"选项卡，选择你所需要的图表类型。

② 单击对话框启动器，将显示所有的图表类型。

③ 打开"插入图表"对话框。

④ 柱形图：用于显示一段时间内的数据变化，或说明各项之间的比较情况。

⑤ 折线图：用于显示随着时间变化的连续数据，尤其是在相等时间间隔下的数据变化趋势。

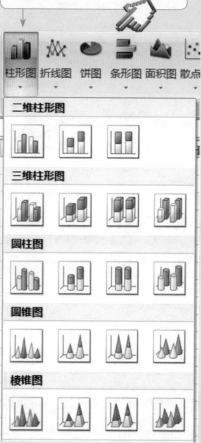

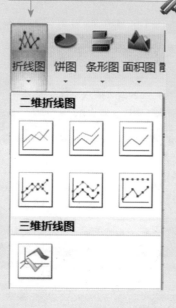

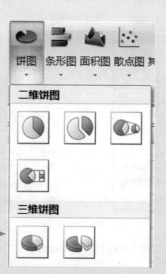

⑥ 饼图：用于显示一个数据系列中各项的大小，以及各项在总值中所占的比例。

⑦ 条形图：用于显示各个项目之间的对比。与柱形图不同的是，其分类轴设置在纵轴上，而柱形图则设置在横轴上。

⑧ 面积图：显示数值随时间或类别所发生的变化趋势。

⑨ 散点图：显示若干个数据系列中各个数值之间的关系，或者将两组数据绘制为 XY 坐标的一个系列。

Excel 2010 版本提供了迷你图功能，可以在单元格中添加迷你的折线图、柱形图及盈亏图等。在"插入"选项卡下"迷你图"选项组中单击相应的按钮即可。

圆环图	显示部分和整体之间的关系，但是圆环图可包含多个数据系列
雷达图	显示数值相对于中心点的变化情况
曲面图	在连续曲面上跨两维显示数据的变化趋势
气泡图	以 3 个数值为一组对数据进行比较。气泡的大小表示第 3 个变量的值
股价图	用于显示股票价格及其变化的情况，但也可以用于科学数据(如表示温度的变化)

其他图表如上图所示。

◆X、Y 轴并非必须从 0 开始

当图表源数据中的数值都比较大时，如果 X、Y 轴的起始值还是从零开始，图表中的数据变化就会不那么明显。这时候，我们可以修改 X、Y 轴的起始值，让其从一个比较合适的数值开始。

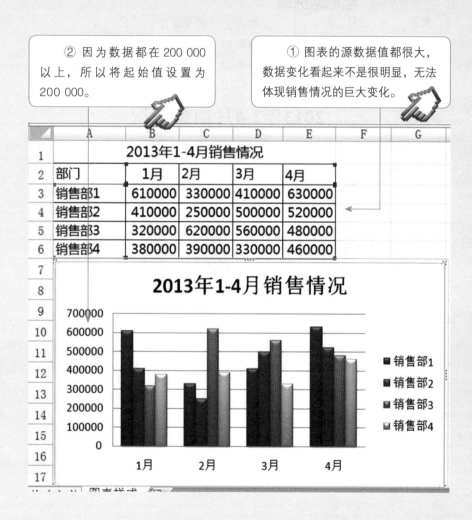

② 因为数据都在 200 000 以上，所以将起始值设置为 200 000。

① 图表的源数据值都很大，数据变化看起来不是很明显，无法体现销售情况的巨大变化。

③ 选中并单击右键图表的坐标轴，在快捷菜单中选择"设置坐标轴格式"，打开"设置坐标轴格式"对话框。

④ 切换到"坐标轴选项"，设置"坐标轴选项"的"最小值"。

⑤ 现在纵坐标就是从 200 000 开始了。这样可以更加明显地表现出数据的变化情况。

◆设置 Y 轴数值的单位名称

用图表表现数据的时候，如果更改 Y 轴（垂直）标签的表现形式，设置一下 Y 轴的标签单位，可以让图表中的 Y 轴显示出数据的单位，从而更直观地表现数据。

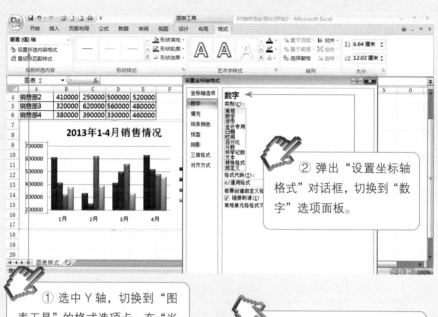

② 弹出"设置坐标轴格式"对话框,切换到"数字"选项面板。

① 选中Y轴,切换到"图表工具"的格式选项卡,在"当前所选内容"选项组中,单击"设置所选内容格式"按钮。

③ 在"格式代码"文本框中输入代码"#,##0"元""。

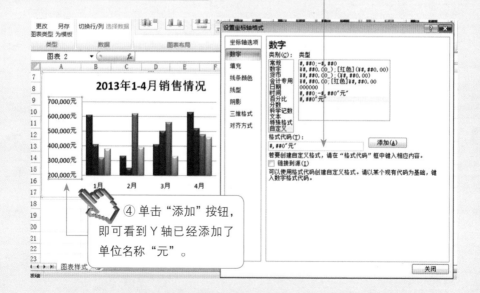

④ 单击"添加"按钮,即可看到Y轴已经添加了单位名称"元"。

Excel 图表之道

数据的图表化，就是将单元格中的数据以各种统计图表的形式显示，使数据更加直观易懂。当工作表中的数据源发生变化时，图表中对应项的数据也自动更新。使用图表可以帮助你更好地对工作表的数据进行分析和处理。

◆图表的创建

Excel 图表可以将数据图形化，更直观地显示数据，使数据对比和变化趋势一目了然，提高信息整理价值，更准确直观地表达信息和观点。

Excel 提供了多种图表类型，用户可根据自己的需要进行选择。

快速创建图表

① 打开一个工作表，从中选择数据区域。

② 单击"插入"选项卡"图表"组中的"柱形图"下拉按钮，在弹出的下拉面板中选择"簇状柱形图"选项。

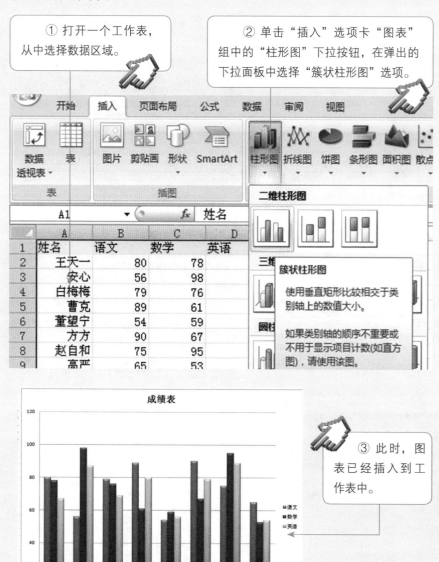

③ 此时，图表已经插入到工作表中。

创建不连续数据区域图表

如果想用图表的形式来对比两组数据，可按下面的方法进行操作。

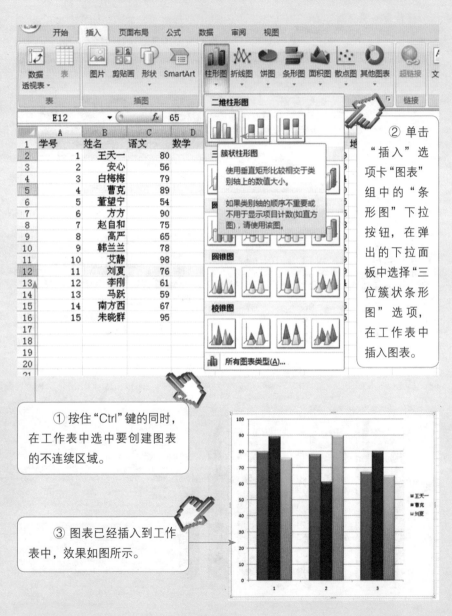

② 单击"插入"选项卡"图表"组中的"条形图"下拉按钮，在弹出的下拉面板中选择"三位簇状条形图"选项，在工作表中插入图表。

① 按住"Ctrl"键的同时，在工作表中选中要创建图表的不连续区域。

③ 图表已经插入到工作表中，效果如图所示。

◆图表样式非等闲

漂亮的图表外观不仅可以有效地表达数据，更能给人一种专业的感觉。但是，设置图表格式太麻烦了。这时候，可以直接套用 Excel 提供的预设样式，快速让图表专业、美观起来。

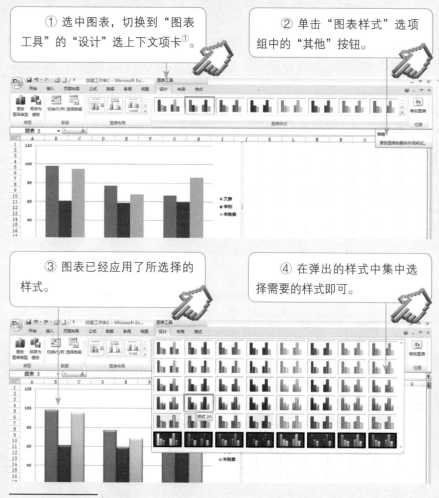

① 选中图表，切换到"图表工具"的"设计"选上下文项卡①。

② 单击"图表样式"选项组中的"其他"按钮。

③ 图表已经应用了所选择的样式。

④ 在弹出的样式中集中选择需要的样式即可。

① 除"常规"选项卡外，Excel 2007 还包含了许多附加的选项卡，它们只在进行特定操作时才会显现出来，因此也被称为"上下文选项卡"。

"样式"，实际上就是图表格式的集合。在选中图表时，功能区将出现"图表工具"的"设计""布局"和"格式"上下文选项卡，分别用来设置图表的外观、布局和图表元素的格式。

◆ 更改图表类型

如果想将插入到工作表中的图表快速更改为其他类型，可直接调用"更改图表类型"命令。

可以看到，当图表创建完成后，修改它的图表类型是相当方便的。

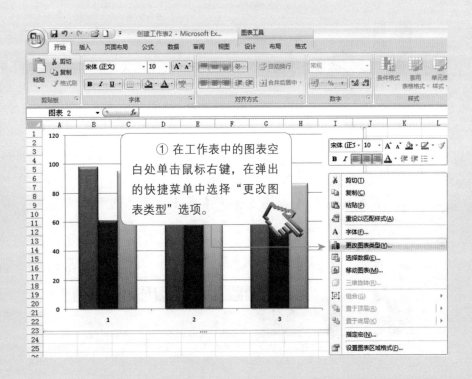

① 在工作表中的图表空白处单击鼠标右键，在弹出的快捷菜单中选择"更改图表类型"选项。

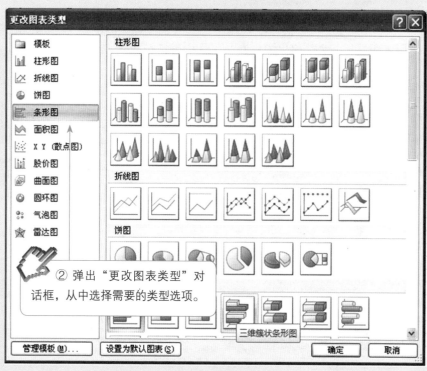

② 弹出"更改图表类型"对话框，从中选择需要的类型选项。

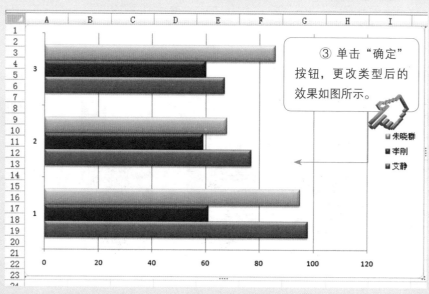

③ 单击"确定"按钮，更改类型后的效果如图所示。

147

◆让 Excel 图表生动起来

图表作为一种视觉化图形，在工作中被广泛应用。但是，大家好像把关注点都放在了数据分析上，忽视了对图表的美化。一张图表，包含的要素要完整，才能让观众一目了然。除此之外，还需要增加点修饰。利用 Excel 图表美化功能，我们可以让其变得更加生动。

添加标题

① 选中要添加标题的图表，单击"布局"选项卡"标签"组中的"图表标题"下拉按钮，在弹出的下拉菜单中选择"图表上方"选项。

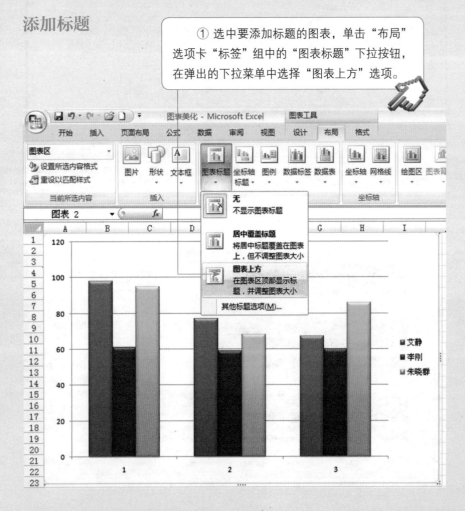

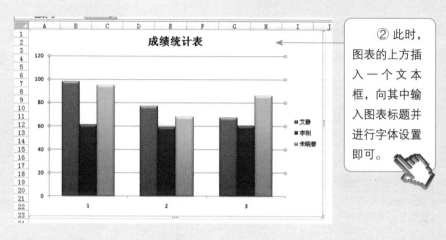

② 此时，图表的上方插入一个文本框，向其中输入图表标题并进行字体设置即可。

调整图例

　　图例主要是用来表明各个颜色的条形柱代表哪一类数据。在创建图表时，如果没有选中标题行，系统会为图表自动添加图例名称。你可通过以下操作方法，快速更改图例项名称。

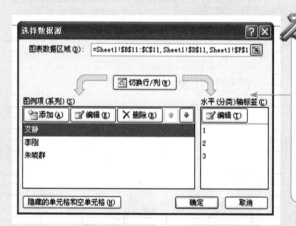

① 选中图例，单击右键，在弹出的快捷菜单中选择"选择数据"选项，弹出"选择数据源"对话框，在"图例项（系列）"列表框中选择"艾静"选项，单击"编辑"按钮。

　　用同样的方法，还可以根据需要添加数据标签、单位和脚注等。

② 弹出"编辑数据系列"对话框，单击"系列名称"文本框右侧的折叠按钮，在工作表数据区域中选择图例名称所在的单元格。

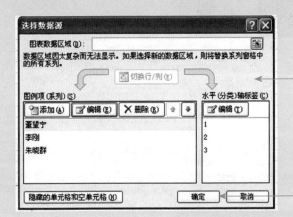

③ 再次单击折叠按钮，展开对话框，单击"确定"按钮，此时的"选择数据源"对话框如图所示。

④ 单击"确定"按钮，完成图例项名称的更改（见下图）。

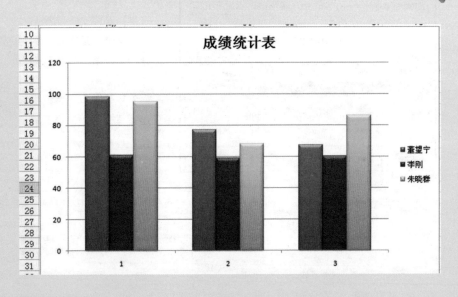

巧妙添加背景

"标题"和"图例"都是图表的一些必备要素。为了美化图表,你还可以给图表添加漂亮的背景。

① 选中图表,单击鼠标右键,在弹出的快捷菜单中选择"设置图表区域格式"选项,弹出"设置图表区格式"对话框。

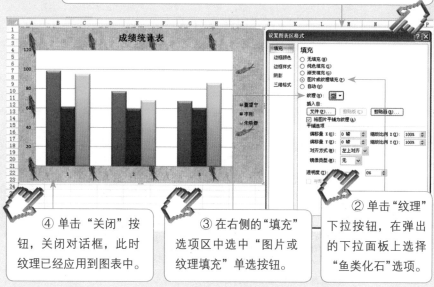

④ 单击"关闭"按钮,关闭对话框,此时纹理已经应用到图表中。

③ 在右侧的"填充"选项区中选中"图片或纹理填充"单选按钮。

② 单击"纹理"下拉按钮,在弹出的下拉面板上选择"鱼类化石"选项。

⑤ 或者在"设置图表区格式"对话框中单击"文件"按钮,打开"插入图片"对话框,从中选择满意的图片。

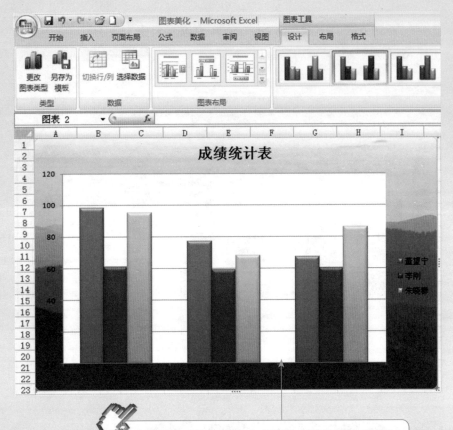

⑥ 单击"插入"按钮，返回到"设置图表区格式"对话框，再单击"关闭"按钮，将对话框关闭。此时，图片已作为背景插入到图表中。

Attention

图表美化有一个"度"的问题，有时候过度美化图表，反而会给人画蛇添足的感觉，这一点要好好把握。

表现数据要直观

图表能够使我们要表现的数据更加直观。数据的图表化就是将单元格中的数据以各种统计图表的形式显示，让数据更加直观易懂。

◆ 添加数据趋势线

利用图表，能够使我们要表现的数据更加直观。但是，如果你是想表现某一数据的变化情况，那么在图表上添加一条简单的数据趋势线，是一个很好的选择。

① 切换到"图表工具"—"布局"选项卡。

② 单击"趋势线"下的三角按钮，选择趋势线的类型。此处选择"线性趋势线"。

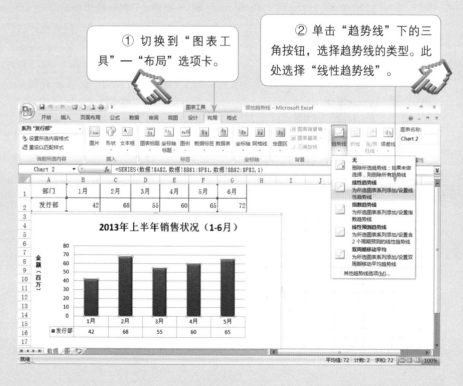

一看就懂的Excel办公技巧全图解

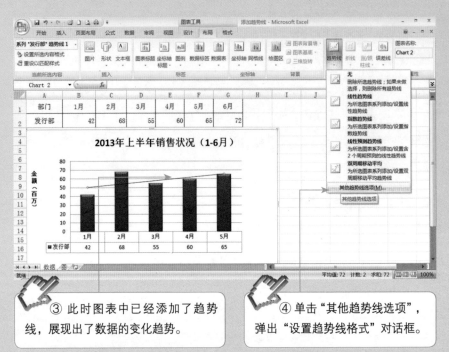

③ 此时图表中已经添加了趋势线，展现出了数据的变化趋势。

④ 单击"其他趋势线选项"，弹出"设置趋势线格式"对话框。

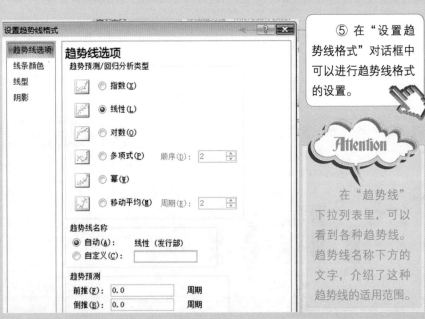

⑤ 在"设置趋势线格式"对话框中可以进行趋势线格式的设置。

Attention

在"趋势线"下拉列表里，可以看到各种趋势线。趋势线名称下方的文字，介绍了这种趋势线的适用范围。

◆当图表遭遇 Office 兄弟连

Excel 和它的两个好兄弟 Word 和 PPT 都是 Office 大家族的成员。Excel 是图表高手，Word 是文字处理专家，PPT 是演示汇报标兵。Excel 常常会有图表输送给它们。但是 Excel 中的图表粘贴到这两位好兄弟家中之后，却常常遇到不能同步更新的问题。也就是说，这些粘贴过来的图表不能随着 Excel 源数据的变化而变化。这是因为，你使用的只是简单的"粘贴"（Ctrl+V）。

有人说："Word 和 PPT 中的选择性粘贴在哪里呢？我找不到。"的确，在 Excel 中，点击鼠标右键就能看到"选择性粘贴"，但是 Word 和 PPT 中的"选择性粘贴"却隐藏在"编辑"菜单中。当你复制了 Excel 图表，需要点击 Word 或者 PPT 的"编辑"菜单，才能找到"选择性粘贴"命令。

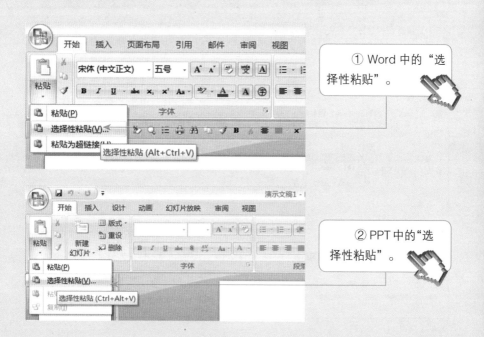

① Word 中的"选择性粘贴"。

② PPT 中的"选择性粘贴"。

如果想要 Word 和 PPT 中的图表跟着 Excel 变，就要用到"选择性粘贴"命令中的"粘贴链接"。

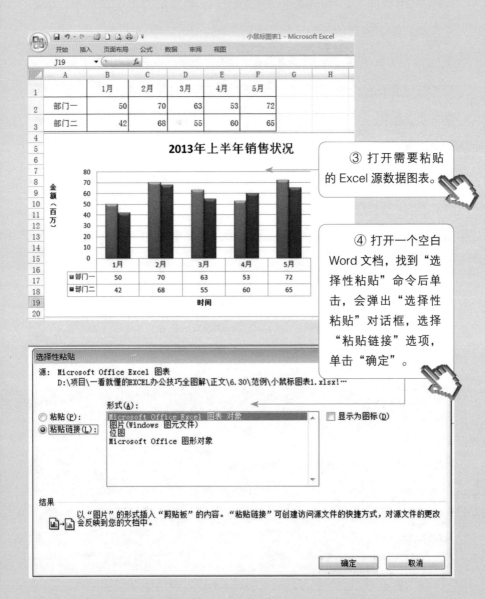

③ 打开需要粘贴的 Excel 源数据图表。

④ 打开一个空白 Word 文档，找到"选择性粘贴"命令后单击，会弹出"选择性粘贴"对话框，选择"粘贴链接"选项，单击"确定"。

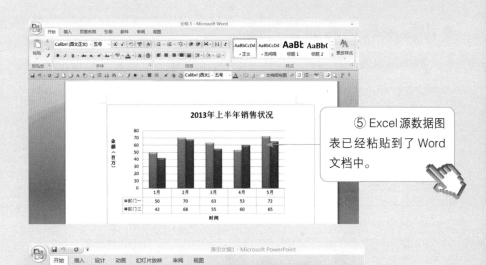

⑤ Excel 源数据图表已经粘贴到了 Word 文档中。

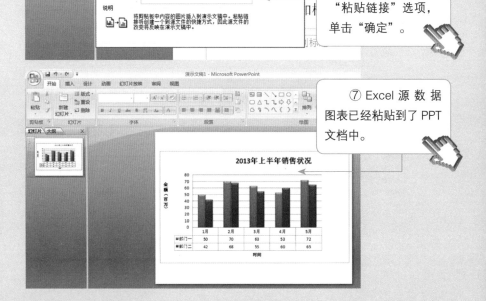

⑥ 打开一个空白 PPT 文档，找到"选择性粘贴"命令后单击，会弹出"选择性粘贴"对话框，选择"粘贴链接"选项，单击"确定"。

⑦ Excel 源数据图表已经粘贴到了 PPT 文档中。

◆隐藏图表中的部分数据

利用图表进行数据分析，有时候需要隐藏图表中的部分数据，以达到方便查看和比较的目的。那么，怎样才能把图表中的数据隐藏起来呢？以下面的图表为例，我们将 3 月份的数据隐藏起来。

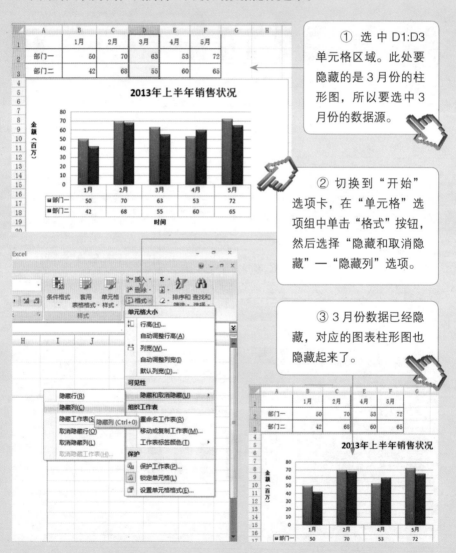

① 选中 D1:D3 单元格区域。此处要隐藏的是 3 月份的柱形图，所以要选中 3 月份的数据源。

② 切换到"开始"选项卡，在"单元格"选项组中单击"格式"按钮，然后选择"隐藏和取消隐藏"—"隐藏列"选项。

③ 3 月份数据已经隐藏，对应的图表柱形图也隐藏起来了。

图表和数据源是动态对应的，只要更改或者隐藏源数据，图表就可以自动更改或隐藏了。

取消隐藏图表中的数据

如果想要取消隐藏的数据，可以像下边这样操作。

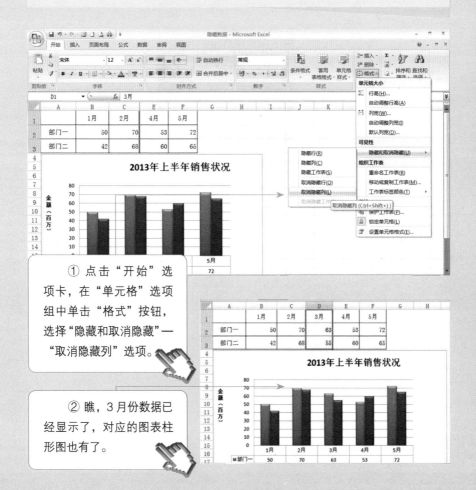

① 点击"开始"选项卡，在"单元格"选项组中单击"格式"按钮，选择"隐藏和取消隐藏"—"取消隐藏列"选项。

② 瞧，3月份数据已经显示了，对应的图表柱形图也有了。

第 *6* 章

数据分析与处理

Excel 有着强大的数据分析和处理功能，可以实现对数据的排序、分类汇总、筛选及数据透视等操作。

在进行数据分析处理之前，先来读一读下面的内容，会让你获益匪浅！

排序就是这么简单

Excel 的难题真得要靠玩弄技巧才能解决吗？当你发现自己会用很多操作技巧，却还是被工作搞得身心俱疲的时候，你最好检查一下自己是否做对了表格。

◆ 一键快速排序

对单列数据排序

"数据"选项卡下"排序和筛选"组中的"升序"或"降序"按钮，可以帮你快速地对单列数据进行升序或降序排列。

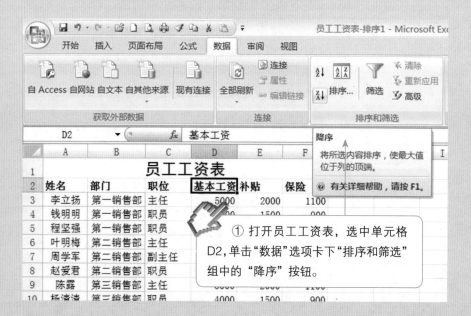

① 打开员工工资表，选中单元格 D2，单击"数据"选项卡下"排序和筛选"组中的"降序"按钮。

	员工工资表				
	A	B	C	D	E	F
1			员工工资表			
2	姓名	部门	职位	基本工资	补贴	保险
3	李立扬	第一销售部	主任	5000	2000	1100
4	叶明梅	第二销售部	主任	5000	2000	1100
5	陈露	第三销售部	主任	5000	2000	1100
6	杨 平	第四销售部	主任	5000	2000	1100
7	周学军	第二销售部	副主任	4500	2000	1100
8	张小东	第四销售部	副主任	4500	2000	1100
9	钱明明	第一销售部	职员	4000	1500	900
10	程坚强	第一销售部	职员	4000	1500	900
11	赵爱君	第二销售部	职员	4000	1500	900
12	杨清清	第三销售部	职员	4000	1500	900

② 此时该工作表已经按"基本工资"列中的数据，从大到小重新排列了。

对多列数据排序

在 Excel 中，可以使用"排序"对话框对数据表中的多列数据进行排序，下面以员工考核成绩表为例，介绍对多列数据进行排序的具体方法。

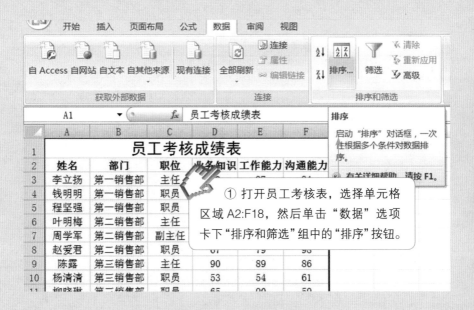

	A	B	C	D	E	F
1			员工考核成绩表			
2	姓名	部门	职位	业务知识	工作能力	沟通能力
3	李立扬	第一销售部	主任			
4	钱明明	第一销售部	职员			
5	程坚强	第一销售部	职员			
6	叶明梅	第二销售部	主任			
7	周学军	第二销售部	副主任			
8	赵爱君	第二销售部	职员	67	79	98
9	陈露	第三销售部	主任	90	89	86
10	杨清清	第三销售部	职员	53	54	61
11	柳晓清	第一销售部	职员	65	90	50

排序

启动"排序"对话框，一次性根据多个条件对数据排序。

有关详细帮助，请按 F1。

① 打开员工考核表，选择单元格区域 A2:F18，然后单击"数据"选项卡下"排序和筛选"组中的"排序"按钮。

② "排序"对话框弹出。在"主要关键字"下拉列表框中选择"工作能力"选项,在"次序"下拉列表框中选择"降序"选项;然后单击"添加条件"按钮,添加次要关键字;在"次要关键字"下拉列表框中选择"沟通能力"选项,在"次序"下拉列表框中选择"降序"选项。

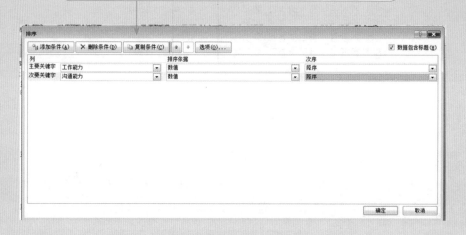

③ 单击"确定"按钮,完成排序。

	A	B	C	D	E	F
1	员工考核成绩表					
2	姓名	部门	职位	业务知识	工作能力	沟通能力
3	柳晓琳	第三销售部	职员	65	90	59
4	杨 平	第四销售部	主任	86	89	88
5	陈露	第三销售部	主任	90	89	86
6	李立扬	第一销售部	主任	88	87	84
7	钱明明	第一销售部	职员	78	87	67
8	张小东	第四销售部	副主任	68	80	86
9	叶明梅	第二销售部	主任	81	80	85
10	赵爱君	第二销售部	职员	67	79	98
11	周学军	第二销售部	副主任	79	76	78
12	杜媛媛	第三销售部	职员	77	75	67
13	程坚强	第一销售部	职员	76	69	89
14	乔小麦	第三销售部	职员	90	65	95
15	王晓杭	第四销售部	职员	65	61	59
16	赵震	第三销售部	职员	47	57	87
17	杨清清	第三销售部	职员	53	54	61
18	丁欣	第三销售部	职员	59	54	60

按自定义序列排序

在 Excel 中可以按照自定义的序列对数据表进行排序。

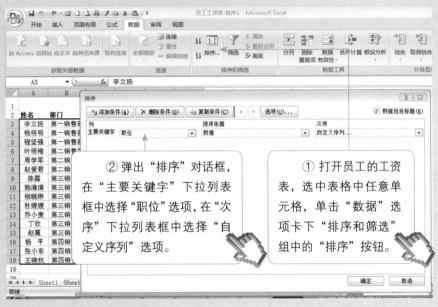

② 弹出"排序"对话框，在"主要关键字"下拉列表框中选择"职位"选项，在"次序"下拉列表框中选择"自定义序列"选项。

① 打开员工的工资表，选中表格中任意单元格，单击"数据"选项卡下"排序和筛选"组中的"排序"按钮。

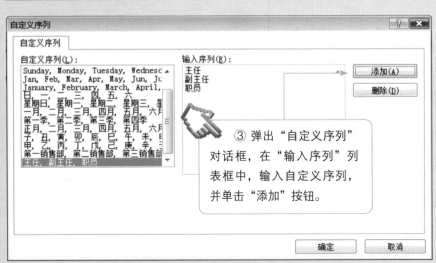

③ 弹出"自定义序列"对话框，在"输入序列"列表框中，输入自定义序列，并单击"添加"按钮。

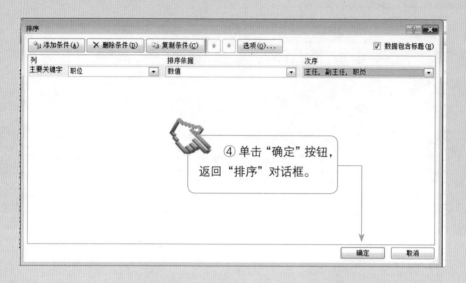

④ 单击"确定"按钮，返回"排序"对话框。

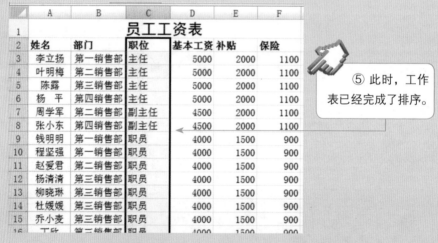

⑤ 此时，工作表已经完成了排序。

	A	B	C	D	E	F
1			员工工资表			
2	姓名	部门	职位	基本工资	补贴	保险
3	李立扬	第一销售部	主任	5000	2000	1100
4	叶明梅	第二销售部	主任	5000	2000	1100
5	陈露	第三销售部	主任	5000	2000	1100
6	杨 平	第四销售部	主任	5000	2000	1100
7	周学军	第二销售部	副主任	4500	2000	1100
8	张小东	第四销售部	副主任	4500	2000	1100
9	钱明明	第一销售部	职员	4000	1500	900
10	程坚强	第一销售部	职员	4000	1500	900
11	赵爱君	第二销售部	职员	4000	1500	900
12	杨清清	第三销售部	职员	4000	1500	900
13	柳晓琳	第三销售部	职员	4000	1500	900
14	杜媛媛	第三销售部	职员	4000	1500	900
15	乔小麦	第三销售部	职员	4000	1500	900
16	王	第三销售部	职员	4000	1500	900

◆ 按字母或笔画排序

我们经常会在很多地方看到"人名按照拼音首字母排序，排名不分先后"的字样，如果人数众多，一一查看首字母再进行排序，也是很麻烦的。其实，这个难题可以利用 Excel 的"排序"功能来解决。

按拼音首字母排序

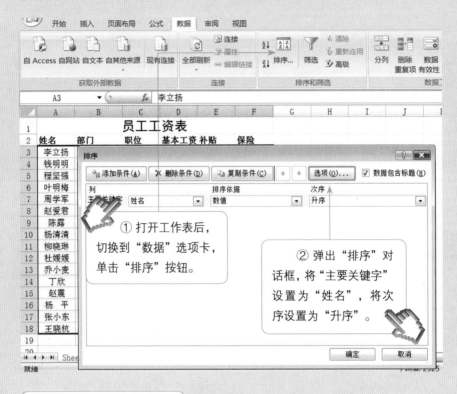

① 打开工作表后，切换到"数据"选项卡，单击"排序"按钮。

② 弹出"排序"对话框，将"主要关键字"设置为"姓名"，将次序设置为"升序"。

③ 单击"选项"按钮，弹出"排序选项"对话框，选择"字母排序"单选按钮，单击"确定"。

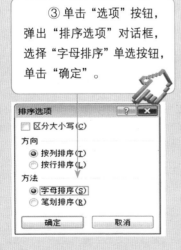

④ 此时，工作表中的数据已经按照姓名拼音首字母排序了。

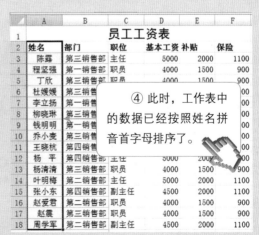

	姓名	部门	职位	基本工资	补贴	保险
1			员工工资表			
2	姓名	部门	职位	基本工资	补贴	保险
3	陈露	第三销售部	主任	5000	2000	1100
4	程坚强	第一销售部	职员	4000	1500	900
5	丁欣	第三销售部	职员	4000	1500	900
6	杜媛媛					00
7	李立扬	第一销				00
8	柳晓琳	第三销				00
9	钱明明	第一销				00
10	乔小麦	第三销				00
11	王晓杭	第四销				00
12	杨 平	第四销售部	主任	5000	2000	00
13	杨清清	第三销售部	职员	4000	1500	900
14	叶明梅	第二销售部	主任	5000	2000	1100
15	张小东	第四销售部	副主任	4500	2000	1100
16	赵爱君	第三销售部	职员	4000	1500	900
17	赵震	第三销售部	职员	4000	1500	900
18	周学军	第二销售部	副主任	4500	2000	1100

按照笔画排序

在中文中，常常按照中文的笔画来为输入的文字安排一定的顺序。

在 Excel 中，也可以按照笔画多寡来为数据表进行排序。

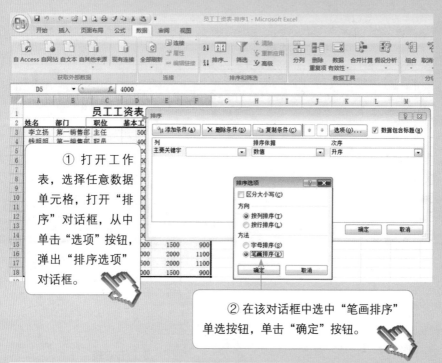

① 打开工作表，选择任意数据单元格，打开"排序"对话框，从中单击"选项"按钮，弹出"排序选项"对话框。

② 在该对话框中选中"笔画排序"单选按钮，单击"确定"按钮。

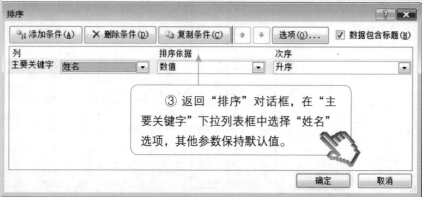

③ 返回"排序"对话框，在"主要关键字"下拉列表框中选择"姓名"选项，其他参数保持默认值。

④ 单击"确定"按钮，瞧，已经按姓名的笔画排序了。

	A	B	C	D	E	F
1	员工工资表					
2	姓名	部门	职位	基本工资	补贴	保险
3	丁欣	第三销售部	职员	4000	1500	900
4	王晓桃	第四销售部	职员	4000	1500	900
5	叶明梅	第二销售部	主任	5000	2000	1100
6	乔小麦	第三销售部	职员	4000	1500	900
7	杨 平	第四销售部	主任	5000	2000	1100
8	李立扬	第一销售部	主任	5000	2000	1100
9	杨清清	第三销售部	职员	4000	1500	900
10	杜媛媛	第三销售部	职员	4000	1500	900
11	张小东	第四销售部	副主任	4500	2000	1100
12	陈露	第三销售部	主任	5000	2000	1100
13	周学军	第二销售部	副主任	4500	2000	1100
14	赵爱君	第二销售部	职员	4000	1500	900
15	赵震	第三销售部	职员	4000	1500	900
16	柳晓琳	第三销售部	职员	4000	1500	900
17	钱明明	第一销售部	职员	4000	1500	900

◆ 用排序功能制作工资条

除了用函数可以生成工资条之外，用排序功能也可以制作工资条。

① 在员工的工资表中，添加"辅助列"，然后在单元格 G4 和 G5 中分别输入数字 2 和 5。

	A	B	C	D	E	F	G
1							
2	员工工资表						
3	姓名	部门	职位	基本工资	补贴	保险	辅助列
4	李立扬	第一销售部	主任	5000	2000	1100	2
5	钱明明	第一销售部	职员	4000	1500	900	5
6	程坚强	第一销售部	职员	4000	1500	900	
7	叶明梅	第二销售部	主任	5000	2000	1100	
8	周学军	第二销售部	副主任	4500	2000	1100	
9	赵爱君	第二销售部	职员	4000	1500	900	
10	姓名	部门	职位	基本工资	补贴	保险	
11	姓名	部门	职位	基本工资	补贴	保险	
12	姓名	部门	职位	基本工资	补贴	保险	
13	姓名	部门	职位	基本工资	补贴	保险	
14	姓名	部门	职位	基本工资	补贴	保险	
15	姓名	部门	职位	基本工资	补贴	保险	
16							

② 选择单元格 区 域 A3:F3，将其复制，然后粘贴到单元格区域 A10:F15 中。

③ 在单元格 G10 和 G11 中分别输入 1 和 4，并通过填充柄填充等差序列。

④ 在复制的数据的下方相应单元格中，输入等差序列。

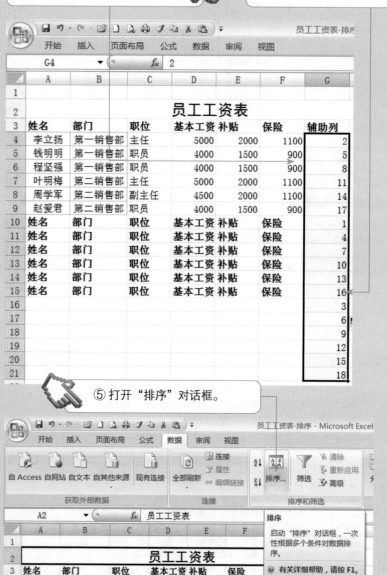

⑤ 打开"排序"对话框。

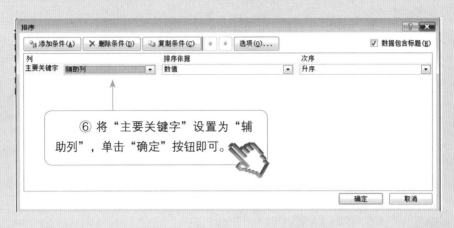

⑥ 将"主要关键字"设置为"辅助列"，单击"确定"按钮即可。

	A	B	C	D	E	F	G
1							
2				员工工资表			
3	姓名	部门	职位	基本工资	补贴	保险	辅助列
4	姓名	部门	职位	基本工资	补贴	保险	1
5	李立扬	第一销售部	主任	5000	2000	1100	2
6							3
7	姓名	部门	职位	基本工资	补贴	保险	4
8	钱明明	第一销售部	职员	4000	1500	900	5
9							6
10	姓名	部门	职位	基本工资	补贴	保险	7
11	程坚强	第一销售部	职员	4000	1500	900	8
12							9
13	姓名	部门	职位	基本工资	补贴	保险	10
14	叶明梅	第二销售部	主任	5000	2000	1100	11
15							12
16	姓名	部门	职位	基本工资	补贴	保险	13
17	周学军	第二销售部	副主任	4500	2000	1100	14
18							15
19	姓名	部门	职位	基本工资	补贴	保险	16
20	赵爱君	第二销售部	职员	4000	1500	900	17
21							18

⑦ 工资条已经做好啦!

171

精悍的筛选利器

Excel 的筛选功能可以帮助你从已有的复杂数据表中得到所需的数据。数据筛选是将工作表中所有不满足条件的数据暂时隐藏起来，只显示那些符合条件的数据。

◆ 首先要学自动筛选

自动筛选是最简单的筛选，在一般情况下，使用自动筛选能够满足最基本的筛选要求。自动筛选的具体操作方法如下：

② 自动筛选数据表后，数据表的列标题上将出现筛选下拉按钮。

① 选择任意数据单元格，单击"数据"选项卡下"排序和筛选"组中的"筛选"按钮。

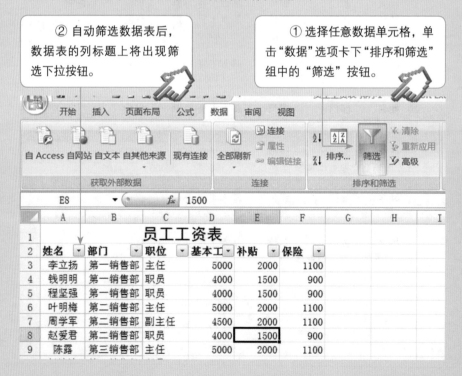

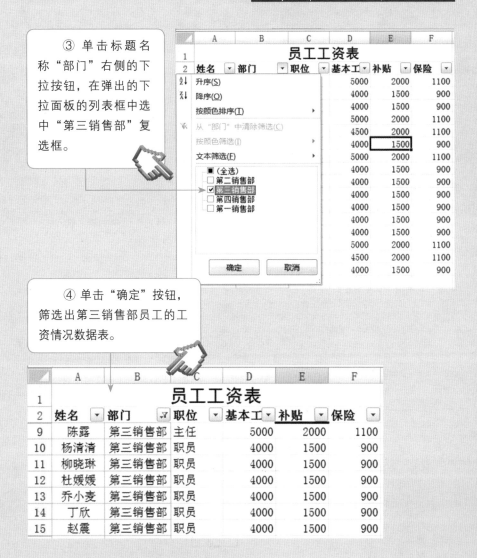

③ 单击标题名称"部门"右侧的下拉按钮，在弹出的下拉面板的列表框中选中"第三销售部"复选框。

④ 单击"确定"按钮，筛选出第三销售部员工的工资情况数据表。

◆ 筛选出限定范围的数值

在自动筛选后，你还可以自定义筛选的条件，从而筛选出限定范围的数据。

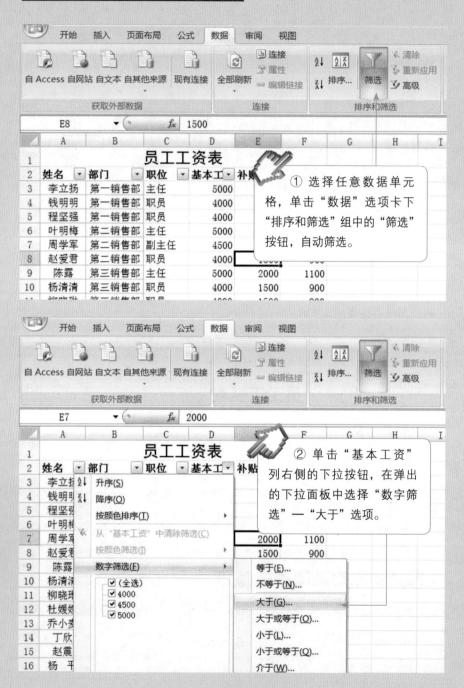

① 选择任意数据单元格，单击"数据"选项卡下"排序和筛选"组中的"筛选"按钮，自动筛选。

② 单击"基本工资"列右侧的下拉按钮，在弹出的下拉面板中选择"数字筛选"—"大于"选项。

③ 弹出"自定义自动筛选方式"对话框，向其中输入数值 4 000，单击"确定"按钮。

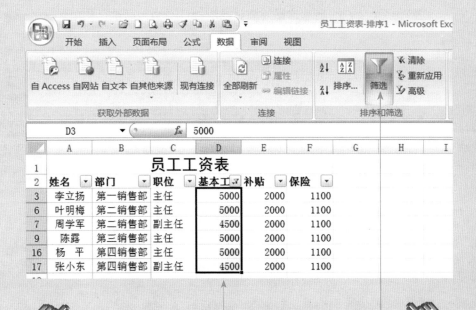

④ Excel 已经筛选出符合要求的结果了。

⑤ 再次单击"筛选"按钮，退出筛选模式。

◆一定要会高级筛选

Excel 有着强大的筛选功能。在筛选条件比较复杂的情况下，尤其是进行多个条件的筛选时，你最好使用Excel更强悍的一个功能——高级筛选。

筛选同时满足多个条件的数据

筛选条件：①性别：女；②所在部门：第二销售部。

这种多个条件的筛选，最好使用高级筛选功能，简单又快捷。

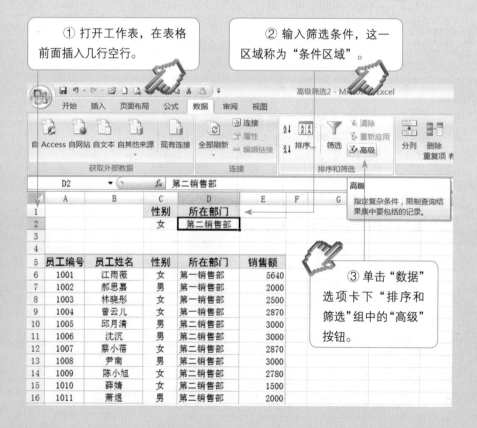

① 打开工作表，在表格前面插入几行空行。

② 输入筛选条件，这一区域称为"条件区域"。

③ 单击"数据"选项卡下"排序和筛选"组中的"高级"按钮。

④ 在弹出的"高级筛选"对话框中，分别设置"列表区域"和"条件区域"。

 ⑤ 自动设置了"列表区域"。

高级筛选

方式
- ◉ 在原有区域显示筛选结果(F)
- ○ 将筛选结果复制到其他位置(O)

列表区域(L): $A$5:$E$16
条件区域(C): $C$1:$E$2
复制到(T):

☐ 选择不重复的记录(R)

[确定] [取消]

⑥ 打开对话框单击"条件区域"折叠按钮，选择条件区域。

⑦ 单击"确定"按钮，进行高级筛选。

	A	B	C	D	E
1			性别	所在部门	销售额
2			女	第二销售部	
3					>2000
4					
5	员工编号	员工姓名	性别	所在部门	销售额
12	1007	蔡小蓓	女	第二销售部	2870
14	1009	陈小旭	女	第二销售部	2780

⑧ 瞧，已经筛选出了符合条件的数据。

 **Attention**

筛选的"条件区域"表示：筛选"性别"为"女"、"所在部门"为"第二销售部"的数据。

将筛选的数据复制到其他位置

这个功能也位于"高级筛选"对话框中。

① 按前面的方法打开"高级筛选"对话框。

② 选择"将筛选结果复制到其他位置"单选按钮。

	A	B	C	D	E
1			性别	所在部门	
2			女	第二销售部	
3					
4	员工编号	员工姓名	性别	所在部门	销售额
5	1001	江雨薇	女	第一销售部	5640
6	1002	郝思嘉	男	第一销售部	2000
7	1003	林晓彤	女	第一销售部	2500
8	1004	曾云儿	女	第一销售部	2870
9	1005	邱月清	男	第二销售部	3000
10	1006	沈沉	男	第二销售部	3000
11	1007	蔡小蓓	女	第二销售部	2870
12	1008	尹南	男	第二销售部	3000
13	1009	陈小旭	女	第二销售部	2780
14	1010	薛婧	女	第二销售部	1500
15	1011	萧煜	男	第二销售部	2000

高级筛选

方式
- ○ 在原有区域显示筛选结果(F)
- ⊙ 将筛选结果复制到其他位置(O)

列表区域(L)： $A$4:$E$15

条件区域(C)： 情况表!$C$1:$D$2

复制到(T)： $A$17:$E$19

□ 选择不重复的记录(R)

确定　　取消

③ 此时的"复制到"选项被激活，只要设置复制位置就行了。

	A	B	C	D	E
2			女	第二销售部	
3					
4	员工编号	员工姓名	性别	所在部门	销售额
5	1001	江雨薇	女	第一销售部	5640
6	1002	郝思嘉	男	第一销售部	2000
7	1003	林晓彤	女	第一销售部	2500
8	1004	曾云儿	女	第一销售部	2870
9	1005	邱月清	男	第二销售部	3000
10	1006	沈沉	男	第二销售部	3000
11	1007	蔡小蓓	女	第二销售部	2870
12	1008	尹南	男	第二销售部	3000
13	1009	陈小旭	女	第二销售部	2780
14	1010	薛婧	女	第二销售部	1500
15	1011	萧煜	男	第二销售部	2000
16					
17	员工编号	员工姓名	性别	所在部门	销售额
18	1007	蔡小蓓	女	第二销售部	2870
19	1009	陈小旭	女	第二销售部	2780
20	1010	薛婧	女	第二销售部	1500
21					

④ 瞧，已经筛选出了符合条件的数据。

销售员基本情况表

Attention

　　"列表区域"文本框用于输入需要进行数据筛选的单元格区域地址,该区域必须要包含列标题,否则无法进行筛选;"条件区域"文本框用于指定对筛选条件所在区域的引用,应包括一个或多个列标题以及列标题下的匹配条件;"复制到"文本框用于指定位置筛选结果的单元格区域,一般只需要输入区域左上角的单元格地址即可。

按文字颜色进行筛选

　　在工作表中,如果对某些特别的数据设置了特殊的文字颜色,那么在对数据进行筛选的时候,可以根据颜色来进行操作。

① 切换到"数据"选项卡,单击"筛选"按钮。

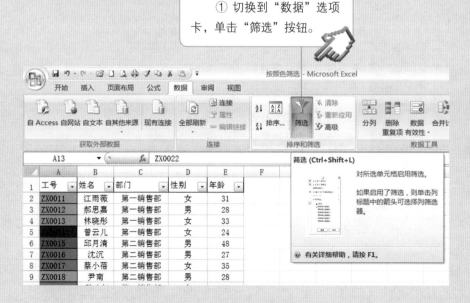

② 单击下三角按钮，选择"按颜色筛选"，在下拉列表里选择要筛选出来的颜色即可。

	A	B	C	D	E	F	G
1	工号	姓名	部门	性别	年龄		
7	ZX0016	沈沉	第二销售部	男	27		
8	ZX0017	蔡小蓓	第二销售部	女	35		
10	ZX0019	陈小旭	第二销售部	女	29		
12	ZX0021	萧煜	第二销售部	男	28		
16	ZX0025	杜媛媛	第三销售部	女	24		
18	ZX0027	丁欣	第三销售部	男	44		
22	ZX0031	王晓杭	第四销售部	男	38		
24	ZX0033	钱明明	第四销售部	男	28		
25							

③ 已经筛选出了符合条件的数据。

数据分类汇总

分类汇总功能通过为所选单元格区域自动添加合计或者小计，汇总多个相关数据。这个功能是数据库分析过程中一个非常实用的功能。

◆ 快速统计数据

在创建分类汇总之前，需要对所汇总的数据进行排序，即将同一类别的数据排列在一起，然后将各个类别的数据按照指定方式进行汇总。

在弹出的"分类汇总"对话框中设置分类汇总条件。

① 切换到"数据"选项卡，单击"分类汇总"按钮。

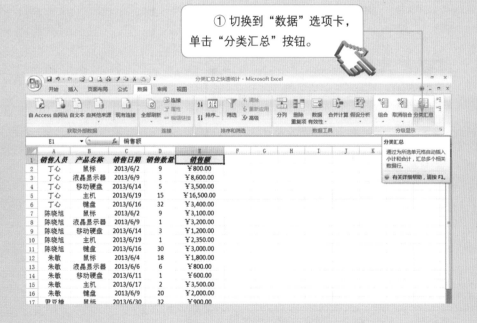

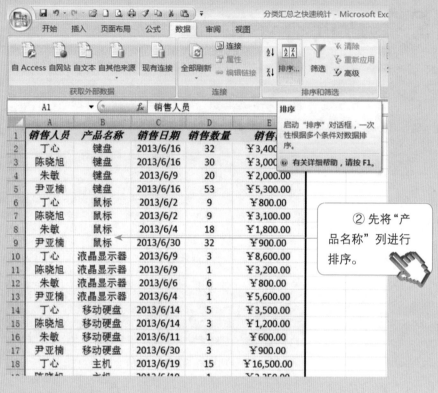

	A	B	C	D	E
1	销售人员	产品名称	销售日期	销售数量	销售额
2	丁心	键盘	2013/6/16	32	￥3,400
3	陈晓旭	键盘	2013/6/16	30	￥3,000
4	朱敏	键盘	2013/6/9	20	￥2,000.00
5	尹亚楠	键盘	2013/6/16	53	￥5,300.00
6	丁心	鼠标	2013/6/2	9	￥800.00
7	陈晓旭	鼠标	2013/6/2	9	￥3,100.00
8	朱敏	鼠标	2013/6/4	18	￥1,800.00
9	尹亚楠	鼠标	2013/6/30	32	￥900.00
10	丁心	液晶显示器	2013/6/9	3	￥8,600.00
11	陈晓旭	液晶显示器	2013/6/9	1	￥3,200.00
12	朱敏	液晶显示器	2013/6/6	6	￥800.00
13	尹亚楠	液晶显示器	2013/6/4	1	￥5,600.00
14	丁心	移动硬盘	2013/6/14	5	￥3,500.00
15	陈晓旭	移动硬盘	2013/6/14	3	￥1,200.00
16	朱敏	移动硬盘	2013/6/11	1	￥600.00
17	尹亚楠	移动硬盘	2013/6/30	3	￥900.00
18	丁心	主机	2013/6/19	15	￥16,500.00
19	陈晓旭	主机	2013/6/19	1	￥2,350.00

排序
启动"排序"对话框，一次性根据多个条件对数据排序。
② 有关详细帮助，请按 F1。

② 先将"产品名称"列进行排序。

③ 设置"分类字段"为"产品名称""汇总方式"为"求和"。

④ 在"选定汇总项"列表框中勾选所需要汇总的字段，单击"确定"。

⑤ 工作表左侧有数字按钮 "１２３"，单击可以显示相应级别的数据。

⑥ 工作表已经按照设定的汇总方式和字段进行分类汇总了。

1 2 3		A	B	C	D	E
	1	销售人员	产品名称	销售日期	销售数量	销售额
	2	丁心	键盘	2013/6/16	32	￥3,400.00
	3	陈晓旭	键盘	2013/6/16	30	￥3,000.00
	4	朱敏	键盘	2013/6/9	20	￥2,000.00
	5	尹亚楠	键盘	2013/6/16	53	￥5,300.00
	6		键盘 汇总		135	￥13,700.00
	7	丁心	鼠标	2013/6/2	9	￥800.00
	8	陈晓旭	鼠标	2013/6/2	9	￥3,100.00
	9	朱敏	鼠标	2013/6/4	18	￥1,800.00
	10	尹亚楠	鼠标	2013/6/30	32	￥900.00
	11		鼠标 汇总		68	￥6,600.00
	12	丁心	液晶显示器	2013/6/9	3	￥8,600.00
	13	陈晓旭	液晶显示器	2013/6/9	1	￥3,200.00
	14	朱敏	液晶显示器	2013/6/6	6	￥800.00
	15	尹亚楠	液晶显示器	2013/6/4	1	￥5,600.00
	16		液晶显示器 汇总		11	￥18,200.00
	17	丁心	移动硬盘	2013/6/14	5	￥3,500.00
	18	陈晓旭	移动硬盘	2013/6/14	3	￥1,200.00
	19	朱敏	移动硬盘	2013/6/11	1	￥600.00
	20	尹亚楠	移动硬盘	2013/6/30	3	￥900.00
	21		移动硬盘 汇总		12	￥6,200.00
	22	丁心	主机	2013/6/19	15	￥16,500.00
	23	陈晓旭	主机	2013/6/19	1	￥2,350.00
	24	朱敏	主机	2013/6/17	2	￥3,500.00

如何只显示分类汇总的结果

在进行分类汇总之后，如果只想查看分类汇总的结果，可以通过单击分级序号来实现。

分类汇总后，工作表编辑窗口左上角显示的序号，就是分级序号。

单击序号"2"，即可实现只显示分类汇总的结果。

		销售人员	产品名称	销售日期	销售数量	销售额
	6		键盘 汇总		135	￥13,700.00
	11		鼠标 汇总		68	￥6,600.00
	16		液晶显示器 汇总		11	￥18,200.00
	21		移动硬盘 汇总		12	￥6,200.00
	26		主机 汇总		21	￥30,350.00
	27		总计		247	￥75,050.00
	28					

◆ 更改汇总方式

进行分类汇总的时候，默认采用的汇总方式为"求和"，通过更改汇总方式可以得到不同的统计结果。

比如，要统计各种类型商品中单笔销售额的最大值。

① 切换到"数据"选项卡，单击"分类汇总"按钮。

② 打开"分类汇总"对话框，单击"汇总方式"右侧下拉按钮，选择"最大值"。

③ 瞧，汇总值已经更改成各个类型商品单笔销售金额的最大值了。

第 7 章

一点就通，公式、函数并不难

在处理数据或者分析 Excel 工作表数据的时
候，总是离不开函数和公式。

学习一些公式、函数，是非常必要的。

不可不知的公式

Excel 是一个具有强大的计算功能的电子表格程序，其内置了数百个函数，这些函数可以创建各种用途的公式。

◆ 大范围复制公式

当某一单元格中设置了公式之后，如果该行或者该列其他单元格需要使用同一类型的公式，最常用的方法就是选中该单元格，将鼠标指针定位到单元格右下角。当指针变为黑色十字形时，按住鼠标左键进行拖曳复制。

但是，如果表格数据非常多，采用这种方法就有些不便。这时候，可以采用下面的方法操作。

① 在公式栏前面的地址栏中填入同列最后的单元格地址（为了方便学习，本书只选择少量单元格进行讲解）。

SUM	▼	× ✓ fx	=B2+C2+D2	
	A	B	C	D	E
1	员工姓名	1月销售额	2月销售额	3月销售额	总额
2	江雨薇	¥3,000	¥3,015	¥5,640	=B2+C2+D2
3	郝思嘉	¥2,560	¥2,000	¥2,000	
4	林晓彤	¥2,500	¥2,500	¥2,500	
5	曾云儿	¥2,870	¥2,500	¥2,870	
6	邱月清	¥3,000	¥2,870	¥3,000	
7	沈沉	¥2,870	¥3,000	¥3,000	
8	蔡小蓓	¥3,000	¥3,000	¥2,870	

	SUM	▼	× ✓ fx	=B2+C2+D2	
	A	B	C	D	E
1	员工姓名	1月销售额	2月销售额	3月销售额	总额
2	江雨薇	¥3,000	¥3,015	¥5,640	=B2+C2+D2
3	郝思嘉	¥2,560	¥2,000	¥2,000	
4	林晓彤	¥2,500	¥2,500	¥2,500	
5	曾云儿	¥2,870	¥2,500	¥2,870	
6	邱月清	¥3,000	¥2,870	¥3,000	
7	沈沉	¥2,870	¥3,000	¥3,000	
8	蔡小蓓	¥3,000	¥3,000	¥2,870	
9	尹南	¥3,450	¥2,870	¥3,000	
10	陈小旭	¥3,000	¥5,600	¥2,780	

② 按"Shift"+"Enter"组合键，即可选中第一个单元格到所输入单元格地址之间的区域。

	E2	▼	fx	=B2+C2+D2	
	A	B	C	D	E
1	员工姓名	1月销售额	2月销售额	3月销售额	总额
2	江雨薇	¥3,000	¥3,015	¥5,640	¥11,655
3	郝思嘉	¥2,560	¥2,000	¥2,000	¥6,560
4	林晓彤	¥2,500	¥2,500	¥2,500	¥7,500
5	曾云儿	¥2,870	¥2,500	¥2,870	¥8,240
6	邱月清	¥3,000	¥2,870	¥3,000	¥8,870
7	沈沉	¥2,870	¥3,000	¥3,000	¥8,870
8	蔡小蓓	¥3,000	¥3,000	¥2,870	¥8,870
9	尹南	¥3,450	¥2,870	¥3,000	¥9,320
10	陈小旭	¥3,000	¥5,600	¥2,780	¥11,380

③ 将鼠标指针定位到公式的编辑栏中，按"Ctrl"+"Enter"组合键，即可一次性完成选中单元格的公式复制。

◆公式隐身法

在使用 Excel 的时候，数据或者公式如果被别人改动，会生出许多麻烦。这时候，如果给公式穿上一层保护衣，让别人看不到单元格中的公式，就能够解决这个问题了。

隐身公式也可以看成是保护数据的一种方法。

① 拖动鼠标选择需要隐藏公式的单元格区域之后，单击右键，选择"设置单元格格式"命令。

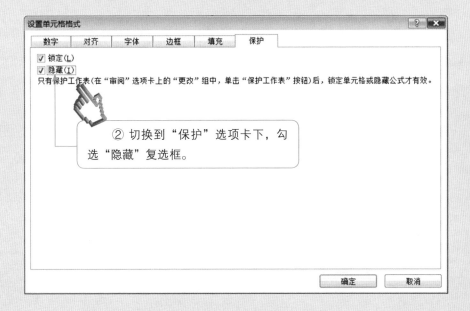

② 切换到"保护"选项卡下，勾选"隐藏"复选框。

单击"确定"按钮之后，切换到"审阅"选项卡。

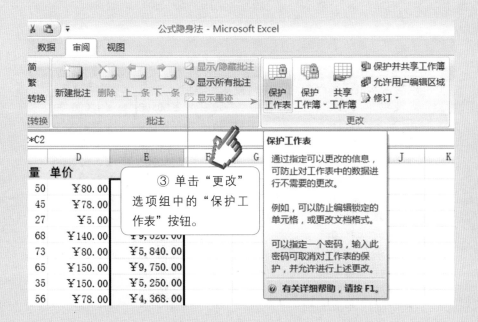

③ 单击"更改"选项组中的"保护工作表"按钮。

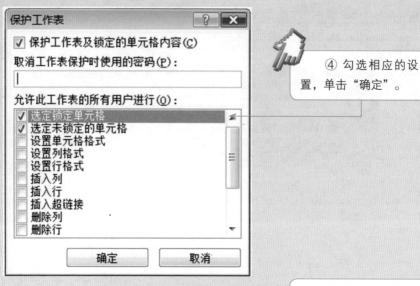

④ 勾选相应的设置，单击"确定"。

此时，返回工作表，选中单元格后发现，公式已经被隐藏了。

⑤ 选中 E2 单元格，可以看到编辑栏中没有显示公式。

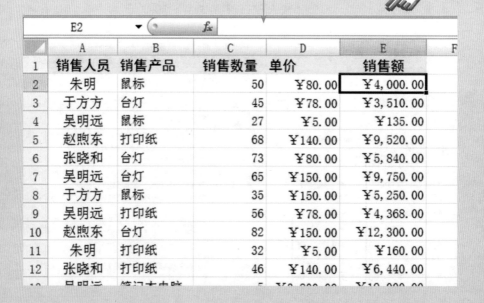

	A	B	C	D	E	F
1	销售人员	销售产品	销售数量	单价	销售额	
2	朱明	鼠标	50	￥80.00	￥4,000.00	
3	于方方	台灯	45	￥78.00	￥3,510.00	
4	吴明远	鼠标	27	￥5.00	￥135.00	
5	赵煦东	打印纸	68	￥140.00	￥9,520.00	
6	张晓和	台灯	73	￥80.00	￥5,840.00	
7	吴明远	台灯	65	￥150.00	￥9,750.00	
8	于方方	鼠标	35	￥150.00	￥5,250.00	
9	吴明远	打印纸	56	￥78.00	￥4,368.00	
10	赵煦东	台灯	82	￥150.00	￥12,300.00	
11	朱明	打印纸	32	￥5.00	￥160.00	
12	张晓和	打印纸	46	￥140.00	￥6,440.00	

显示隐藏的公式

要想显示隐藏的公式，其实也很简单。

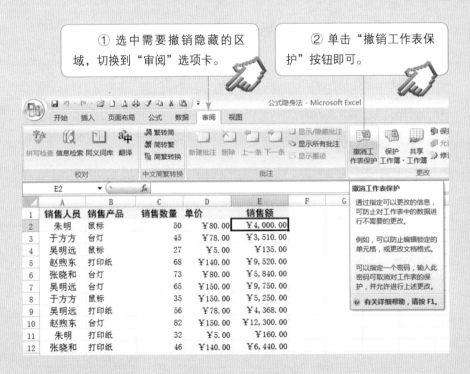

① 选中需要撤销隐藏的区域，切换到"审阅"选项卡。

② 单击"撤销工作表保护"按钮即可。

◆四种运算符

一个公式是由运算符和参与运算的操作数组成的，操作数可以是常量、单元格地址、名称和函数。运算符是为了对公式中的元素进行运算而规定的符号，有四种不同的类型，分别是算术运算符、引用运算符、比较运算符和文本运算符。

算术运算符

算术运算符用于完成基本的数学运算。

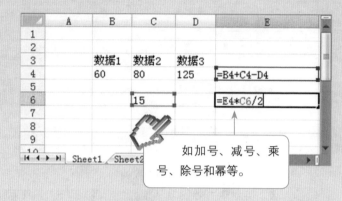

如加号、减号、乘号、除号和幂等。

引用运算符

引用运算符是指可以将单元格区域引用合并计算的运算符号。在进行单元格区域引用或者引用多个单元格区域时，均能用到引用运算符。

引用运算符的含义（示例）

：（冒号）区域运算符，产生对包括在两个引用之间的所有单元格的引用，比如"B6:B16"。

，（逗号）联合运算符，将多个引用合并为一个引用，比如"SUM（B6:B16，D6:D16）"。

（空格）交叉运算符，产生对两个引用共有的单元格的引用，比如"B7:D7 C6:C8"。

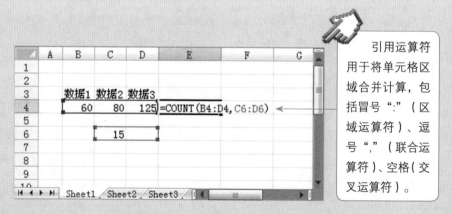

引用运算符用于将单元格区域合并计算，包括冒号":"（区域运算符）、逗号","（联合运算符）、空格（交叉运算符）。

比较运算符

比较运算符用来比较两个数值的大小关系，并产生逻辑值TRUE（真）或 FALSE（假）。

比较运算符包括等于"="、大于">"、小于"<"、大于等于">="、小于等于"<="、不等于"<>"六种。

文本运算符

文本运算符只有一个"&"，利用它可以将文本连接起来。

◆ **运算符的优先级别**

在 Excel 中，公式或函数中所用运算符的优先级别是有规律的，在使用时，应遵循其规律，以得到正确的计算结果。

运算符的优先级别

优先级	运算符	运算符含义
由 高 到 低	( )	括号
	–	负数
	%	百分比
	^	乘方
	* 和 /	乘和除
	+ 和 –	加和减
	>、<、>=、<=、<>、=	比较运算符

公式编辑的方法

万一公式输错了，需要编辑公式，该怎么操作呢？

方法一：

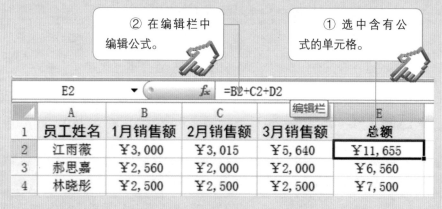

② 在编辑栏中编辑公式。

① 选中含有公式的单元格。

	A	B	C		E
E2			fx	=B2+C2+D2	

编辑栏

	A	B	C		E
1	员工姓名	1月销售额	2月销售额	3月销售额	总额
2	江雨薇	¥3,000	¥3,015	¥5,640	¥11,655
3	郝思嘉	¥2,560	¥2,000	¥2,000	¥6,560
4	林晓彤	¥2,500	¥2,500	¥2,500	¥7,500

方法二：

选中含有公式的单元格。

按下 F2 功能键，此时公式呈编辑状态，在单元格中可以直接进行编辑。

② 在单元格中编辑公式。

① 选中含有公式的单元格。

	A	B	C	D	E
1	员工姓名	1月销售额	2月销售额	3月销售额	总额
2	江雨薇	¥3,000	¥3,015	¥5,640	=B2+C2+D2
3	郝思嘉	¥2,560	¥2,000	¥2,000	¥6,560
4	林晓彤	¥2,500	¥2,500	¥2,500	¥7,500
5	曾云儿	¥2,870	¥2,500	¥2,870	¥8,240

◆单元格引用的方法

单元格引用是为了实现在公式中指明所使用的数据的位置。通过单元格引用，可以在公式中使用工作表中不同单元格的数据。

引用单元格数据后，公式的计算结果自动会随着被引用单元格中数据的变化而变化。

下面介绍三种不同的单元格引用方法。

相对引用

相对引用是指公式或函数通过引用数据所在单元格的相对位置来进行计算。

默认情况下，公式的引用都是使用相对引用的方法。

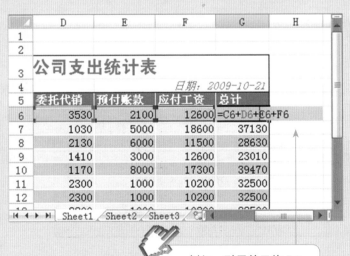

例如：引用单元格 D6、单元格区域 D6:D12、整个 D 列中的数据。

在复制公式时，公式中的相对地址会发生相应的改变。

	F	G	H
5	应付工资	总计	
6	12600	=C6+D6+E6+F6	
7	18600	=C7+D7+E7+F7	
8	11500	=C8+D8+E8+F8	
9	12600	=C9+D9+E9+F9	
10	17300	=C10+D10+E10+F10	
11	10200	=C11+D11+E11+F11	
12	10200	=C12+D12+E12+F12	
13	10200	=C13+D13+E13+F13	
14			
15			
16			

Sheet1 / Sheet2

> 例如：将单元格 G6 中的公式向下进行复制，公式中引用的单元格地址也会相应地发生变化。

绝对引用

绝对引用是使用绝对地址来进行单元格引用。

	D	E	F	G	H
5	委托代销	预付账款	应付工资	总计	
6	3530	2100	12600	=$C$6+$D$6+$E$6+	
7	1030	5000	18600	$F$6	
8	2130	6000	11500		
9	1410	3000	12600		
10	1170	8000	17300		
11	2300	1000	10200		
12	2300	1000	10200		
13	2300	1000	10200		
14					
15					
16					

Sheet1 / Sheet2

> 引用绝对地址，需在行号和列标前面都加一个 "$" 符号。

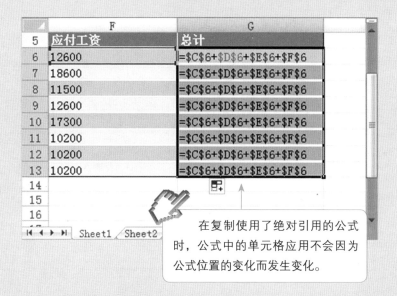

在复制使用了绝对引用的公式时，公式中的单元格应用不会因为公式位置的变化而发生变化。

混合引用

混合引用就是使用部分绝对地址和部分相对地址来进行单元格引用。

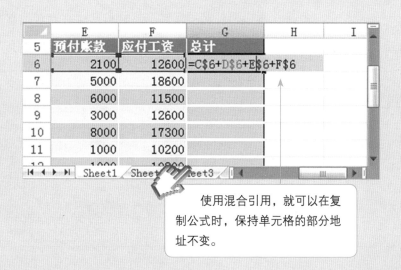

使用混合引用，就可以在复制公式时，保持单元格的部分地址不变。

例如：在单元格 G6 中输入公式 "=＄C6+D＄6"。

	E	F	G
4			日期: 2009-10-2
5	预付账款	应付工资	总计
6	2100	12600	=$C6+D$6
7	5000	18600	
8	6000	11500	
9	3000	12600	
10	8000	17300	
11	1000	10200	
12	1000	10200	
13	1000	10200	
14			
15		=$C15+C$6	
16			
17			
18			

可以看到，当将该公式被复制到单元格 F15 时，公式发生了变化。

绝对引用和相对引用的区别

如果公式使用相对引用，则单元格引用会自动随着公式位置变化而发生变化；如果公式中使用绝对引用，则单元格引用不会随着公式位置的变化而发生变化。

单元格	原公式	复制后的公式
D5	=C4*＄E＄2	=C5*＄E＄2
D6	=C4*＄E＄2	=C6*＄E＄2
D7	=C4*＄E＄2	=C7*＄E＄2

◆检查公式错误

自动检查

Excel 有自动检查错误功能，要想启用该功能，首先单击 Office 按钮，在弹出的下拉菜单中单击"Excel 选项"按钮，弹出"Excel 选项"对话框。

① 在其左侧的列表中选择"公式"选项。

② 然后在右侧的"错误检查"选项区中选中"允许后台错误检查"复选框。

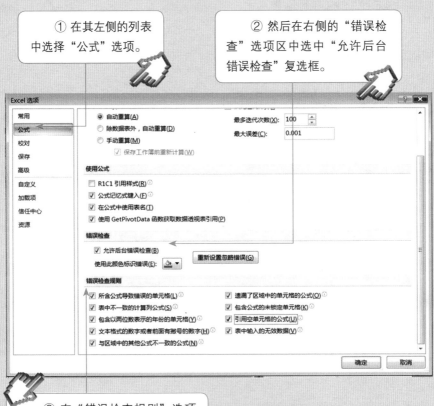

③ 在"错误检查规则"选项区中选中相应的规则复选框。

使用错误检查下拉菜单

Excel 中启用自动检查公式错误的功能后，如果输入了错误的公式或函数，那么其所在的单元格左上角将出现一个绿色的小三角，而在该单元格的左侧有一个标记，表明公式有错。

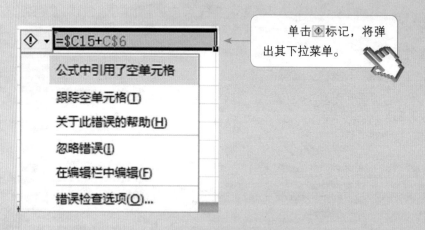

单击⬦标记，将弹出其下拉菜单。

该下拉菜单中包含了有关该公式错误的信息。下拉菜单中的第一项提示了错误原因，你可以根据提示查找公式中的错误。

如果你选择"忽略错误"选项，将忽略该单元格中公式的错误。

选择"关于此错误的帮助"选项，将打开"帮助"窗口，显示有关该错误的帮助。

选择"错误检查选项"选项，将打开"Excel 选项"对话框，可继续设置有关错误检查的选项。

将公式转化为数值

在完成公式之后，为了方便数据的引用，可以把包含公式的单元格中的数据转化为数值的形式。

	SUM	▼	× ✓ fx	=B2+C2+D2+E2+F2+G2				
	A	B	C	D	E	F	G	H	I
1	员工姓名	1月销售额	2月销售额	3月销售额	4月销售额	5月销售额	6月销售额	总额	排名
2	江雨薇	¥3,000	¥3,015	¥5,640	¥2,000	¥3,000	¥3,	=B2+C2+D2+E2+F2+G2	
3	郝思嘉	¥2,560	¥2,000	¥2,000	¥2,400	¥2,000	¥1,500	¥12,460	10
4	林晓彤	¥2,500	¥2,500				¥2,000	¥13,870	8
5	曾云儿	¥2,870	¥2,500				¥3,000	¥16,240	6
6	邱月清	¥3,000	¥2,870				¥5,600	¥19,470	2
7	沈沉	¥2,870	¥3,000				¥2,870	¥16,110	7
8	蔡小蓓	¥3,000	¥3,000	¥2,870	¥3,000	¥2,	¥3,000	¥16,870	5
9	尹南	¥3,450	¥2,870	¥3,000	¥3,000	¥2,500	¥2,870	¥17,690	4
10	陈小旭	¥3,000	¥5,600	¥2,780	¥2,000	¥2,870	¥3,000	¥19,250	3

① 在单元格 H2 中双击鼠标，显示公式。

	H2	▼	× ✓ fx	19655				
	A	B	C	D	E	F	G	H	I
1	员工姓名	1月销售额	2月销售额	3月销售额	4月销售额	5月销售额	6月销售额	总额	排名
2	江雨薇	¥3,000	¥3,015	¥5,640	¥2,000	¥3,000	¥3,	19655	
3	郝思嘉	¥2,560	¥2,000	¥2,000	¥2,400	¥2,000	¥1,500	¥12,460	10
4	林晓彤	¥2,500	¥2,500	¥2,500	¥2,870	¥1,500	¥2,000	¥13,870	8
5	曾云儿	¥2,870	¥2,500				¥3,000	¥16,240	6
6	邱月清	¥3,000	¥2,870				¥5,600	¥19,470	2
7	沈沉	¥2,870	¥3,000				¥2,870	¥16,110	7
8	蔡小蓓	¥3,000	¥3,000				¥3,000	¥16,870	5
9	尹南	¥3,450	¥2,870	¥3,000	¥3,000		¥2,870	¥17,690	4
10	陈小旭	¥3,000	¥5,600	¥2,780	¥2,000	¥2,870	¥3,000	¥19,250	3

② 按 F9 键，计算出公式结果。

	H2	▼	fx	19655				
	A	B	C	D	E	F	G	H	I
1	员工姓名	1月销售额	2月销售额	3月销售额	4月销售额	5月销售额	6月销售额	总额	排名
2	江雨薇	¥3,000	¥3,015	¥5,640	¥2,000	¥3,000	¥3,000	¥19,655	1
3	郝思嘉	¥2,560	¥2,000	¥2,000	¥2,400	¥2,000	¥1,500	¥12,460	10
4	林晓彤	¥2,500	¥2,500	¥2,500	¥2,870	¥1,500	¥2,000	¥13,870	8
5	曾云儿	¥2,870	¥2,500				¥3,000	¥16,240	6
6	邱月清	¥3,000	¥2,870				¥5,600	¥19,470	2
7	沈沉	¥2,870	¥3,000				¥2,870	¥16,110	7
8	蔡小蓓	¥3,000	¥3,000				¥3,000	¥16,870	5
9	尹南	¥3,450	¥2,870	¥3,000	¥3,000	¥2,	¥2,870	¥17,690	4
10	陈小旭	¥3,000	¥5,600	¥2,780	¥3,000	¥2,870	¥3,000	¥19,250	3

③ 按 Enter 键，将计算结果转换成数值。

必知必会函数

在处理数据或者分析 Excel 工作表数据的时候，总是离不开函数和公式。所以，学习一些函数是非常必要的。

◆ 函数输入实战

在使用函数时，利用快捷键可以快速输入函数的参数。下面以输入求和函数 SUM 的参数为例，介绍快速输入函数参数的具体方法。

方法一：使用快捷键输入函数

① 选择单元格 E2，然后单击编辑栏左侧的"插入函数"按钮。

	A	B	C	D	E
	E2	▼	fx		
1	员工姓名	1月销售额	2月销售额	3月销售额	总额
2	江雨薇	¥3,000	¥3,015	¥5,640	
3	郝思嘉	¥2,560	¥2,000	¥2,000	
4	林晓彤	¥2,500	¥2,500	¥2,500	
5	曾云儿	¥2,870	¥2,500	¥2,870	
6	邱月清	¥3,000	¥2,870	¥3,000	
7	沈沉	¥2,870	¥3,000	¥3,000	
8	蔡小蓓	¥3,000	¥3,000	¥2,870	
9	尹南	¥3,450	¥2,870	¥3,000	
10	陈小旭	¥3,000	¥5,600	¥2,780	
11	薛婧	¥1,500	¥2,870	¥1,500	
12	萧煜	¥2,000	¥3,000	¥2,000	

插入函数

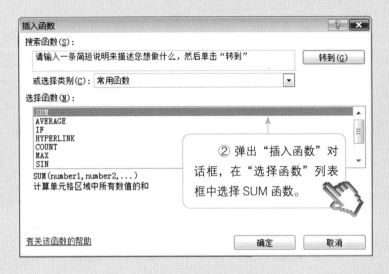

② 弹出"插入函数"对话框，在"选择函数"列表框中选择 SUM 函数。

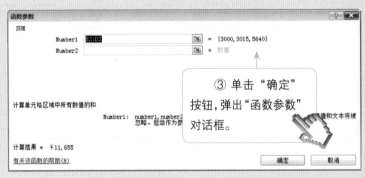

③ 单击"确定"按钮，弹出"函数参数"对话框。

	E2		fx	=SUM(B2:D2)	
	A	B	C	D	E
1	员工姓名	1月销售额	2月销售额	3月销售额	总额
2	江雨薇	¥3,000	¥3,015	¥5,640	¥11,655
3	郝思嘉	¥2,560	¥2,0	¥2,000	
4	林晓彤	¥2,500	¥		
5	曾云儿	¥2,870	¥2,		
6	邱月清	¥3,000	¥2,		
7	沈沉	¥2,870	¥3,		
8	蔡小蓓	¥3,000	¥3,		
9	尹南	¥3,450	¥2,870	¥3,000	

④ 确认函数参数中的单元格区域正确，单击"确定"按钮，得到计算结果。

方法二：使用"自动求和"按钮插入函数

单击"公式"选项卡下"函数库"组中的按钮，可以快速插入函数。

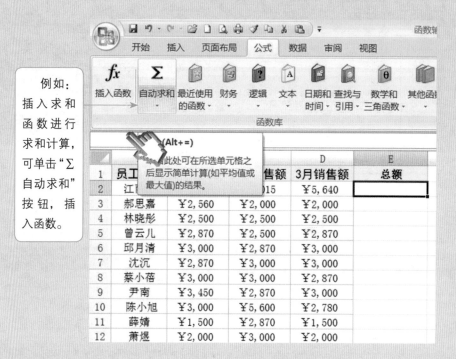

例如：插入求和函数进行求和计算，可单击"Σ 自动求和"按钮，插入函数。

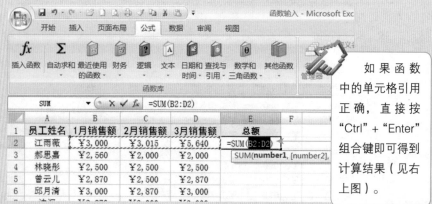

如果函数中的单元格引用正确，直接按"Ctrl"＋"Enter"组合键即可得到计算结果（见右上图）。

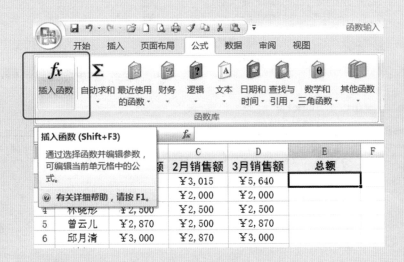

方法三：使用"插入函数"按钮插入函数

单击"函数库"组中的"插入函数"按钮，也可弹出"插入函数"对话框，从中进行函数选择。

方法四：直接输入函数

如果你对函数很熟悉，可以直接输入函数"=SUM(B2:D2)"，即可得到计算的结果。

快速输入函数参数

在使用函数时，利用快捷键可以快速输入函数的参数。下面以输入求和函数 SUM 的参数为例，介绍快速输入函数参数的具体方法。

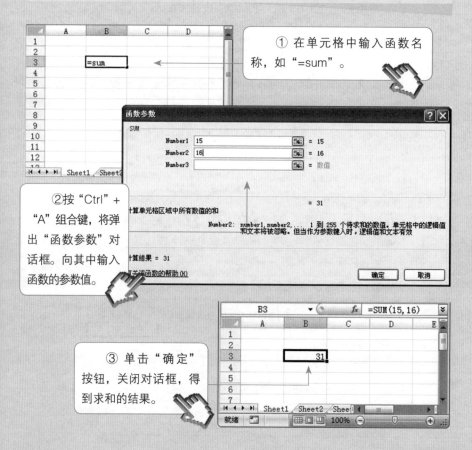

① 在单元格中输入函数名称，如"=sum"。

②按"Ctrl"+"A"组合键，将弹出"函数参数"对话框。向其中输入函数的参数值。

③ 单击"确定"按钮，关闭对话框，得到求和的结果。

◆ 重要的工作表函数

以下按分类列出了一部分重要的工作表函数。

日期和时间函数

函数	说明
DATE	返回特定日期的序列号
DATEVALUE	将文本格式的日期转换为序列号
DAY	将序列号转换为月份日期
DAYS360	以一年 360 天为基准计算两个日期间的天数
EDATE	返回用于表示开始日期之前或之后月数的日期的序列号
EOMONTH	返回指定月数之前或之后的月份的最后一天的序列号
HOUR	将序列号转换为小时
MINUTE	将序列号转换为分钟
MONTH	将序列号转换为月
NETWORKDAYS	返回两个日期间的全部工作日数
NOW	返回当前日期和时间的序列号
SECOND	将序列号转换为秒
TIME	返回特定时间的序列号
TIMEVALUE	将文本格式的时间转换为序列号
TODAY	返回今天日期的序列号

函数	说明
WEEKDAY	将序列号转换为星期日期
WEEKNUM	将序列号转换为代表该星期为一年中第几周的数字
WORKDAY	返回指定的若干个工作日之前或之后的日期的序列号
YEAR	将序列号转换为年
YEARFRAC	返回代表 start_date 和 end_date 之间整天天数的年份数

财务函数

函数	说明
ACCRINT	返回定期支付利息的债券的应计利息
ACCRINTM	返回在到期日支付利息的债券的应计利息
AMORDEGRC	返回使用折旧系数的每个记账期的折旧值
AMORLINC	返回每个记账期的折旧值
COUPDAYBS	返回从付息期开始到成交日之间的天数
COUPDAYS	返回包含成交日的付息期天数
COUPDAYSNC	返回从成交日到下一付息日之间的天数
COUPNCD	返回成交日之后的下一个付息日
COUPNUM	返回成交日和到期日之间的应付利息次数
COUPPCD	返回成交日之前的上一付息日

函数	说明
CUMIPMT	返回两个付款期之间累积支付的利息
CUMPRINC	返回两个付款期之间为贷款累积支付的本金
DB	使用固定余额递减法，返回一笔资产在给定期间内的折旧值
DDB	使用双倍余额递减法或其他指定方法，返回一笔资产在给定期间内的折旧值
DISC	返回债券的贴现率
DOLLARDE	将以分数表示的价格转换为以小数表示的价格
DOLLARFR	将以小数表示的价格转换为以分数表示的价格
DURATION	返回定期支付利息的债券的每年期限
EFFECT	返回年有效利率
FV	返回一笔投资的未来值
FVSCHEDULE	返回应用一系列复利率计算的初始本金的未来值
INTRATE	返回完全投资型债券的利率
IPMT	返回一笔投资在给定期间内支付的利息
IRR	返回一系列现金流的内部收益率
ISPMT	计算特定投资期内要支付的利息
MDURATION	返回假设面值为￥100的有价证券的 Macauley 修正期限

函数	说明
MIRR	返回正和负现金流以不同利率进行计算的内部收益率
NOMINAL	返回年度的名义利率
NPER	返回投资的期数
NPV	返回基于一系列定期的现金流和贴现率计算的投资的净现值
ODDFPRICE	返回每张票面为￥100且第一期为奇数的债券的现价
ODDFYIELD	返回第一期为奇数的债券的收益
ODDLPRICE	返回每张票面为￥100且最后一期为奇数的债券的现价
ODDLYIELD	返回最后一期为奇数的债券的收益
PMT	返回年金的定期支付金额
PPMT	返回一笔投资在给定期间内偿还的本金
PRICE	返回每张票面为￥100且定期支付利息的债券的现价
PRICEDISC	返回每张票面为￥100的已贴现债券的现价
PRICEMAT	返回每张票面为￥100且在到期日支付利息的债券的现价
PV	返回投资的现值
RATE	返回年金的各期利率

函数	说明
RECEIVED	返回完全投资型债券在到期日收回的金额
SLN	返回固定资产的每期线性折旧费
SYD	返回某项固定资产按年限总和折旧法计算的每期折旧金额
TBILLEQ	返回国库券的等价债券收益
TBILLPRICE	返回面值为￥100的国库券的价格
TBILLYIELD	返回国库券的收益率
VDB	使用余额递减法，返回一笔资产在给定期间或部分期间内的折旧值
XIRR	返回一组现金流的内部收益率，这些现金流不一定定期发生
XNPV	返回一组现金流的净现值，这些现金流不一定定期发生
YIELD	返回定期支付利息的债券的收益
YIELDDISC	返回已贴现债券的年收益，例如短期国库券
YIELDMAT	返回在到期日支付利息的债券的年收益

统计函数

函数	说明
AVEDEV	返回数据点与它们的平均值的绝对偏差平均值
AVERAGE	返回其参数的平均值

函数	说明
AVERAGEA	返回其参数的平均值，包括数字、文本和逻辑值
AVERAGEIF	返回区域中满足给定条件的所有单元格的平均值（算术平均值）
AVERAGEIFS	返回满足多个条件的所有单元格的平均值（算术平均值）
BETADIST	返回 Beta 累积分布函数
BETAINV	返回指定 Beta 分布的累积分布函数的反函数
BINOMDIST	返回一元二项式分布的概率值
CHIDIST	返回 χ^2 分布的单尾概率
CHIINV	返回 γ^2 分布的单尾概率的反函数
CHITEST	返回独立性检验值
CONFIDENCE	返回总体平均值的置信区间
CORREL	返回两个数据集之间的相关系数
COUNT	计算参数列表中数字的个数
COUNTA	计算参数列表中值的个数
COUNTBLANK	计算区域内空白单元格的数量
COUNTIF	计算区域内非空单元格的数量
COVAR	返回协方差，成对偏差乘积的平均值
CRITBINOM	返回使累积二项式分布小于或等于临界值的最小值

续表

函数	说明
DEVSQ	返回偏差的平方和
EXPONDIST	返回指数分布
FDIST	返回 F 概率分布
FINV	返回 F 概率分布的反函数值
FISHER	返回 Fisher 变换值
FISHERINV	返回 Fisher 变换的反函数值
FORECAST	返回沿线性趋势的值
FREQUENCY	以垂直数组的形式返回频率分布
FTEST	返回 F 检验的结果
GAMMADIST	返回 γ 分布
GAMMAINV	返回 γ 累积分布函数的反函数
GAMMALN	返回 γ 函数的自然对数，$\Gamma(x)$
GEOMEAN	返回几何平均值
GROWTH	返回沿指数趋势的值
HARMEAN	返回调和平均值
HYPGEOMDIST	返回超几何分布
INTERCEPT	返回线性回归线的截距
KURT	返回数据集的峰值
LARGE	返回数据集中第 k 个最大值
LINEST	返回线性趋势的参数
LOGEST	返回指数趋势的参数

函数	说明
LOGINV	返回对数分布函数的反函数
LOGNORMDIST	返回对数累积分布函数
MAX	返回参数列表中的最大值
MAXA	返回参数列表中的最大值，包括数字、文本和逻辑值
MEDIAN	返回给定数值集合的中值
MIN	返回参数列表中的最小值
MINA	返回参数列表中的最小值，包括数字、文本和逻辑值
MODE	返回在数据集内出现次数最多的值
NEGBINOMDIST	返回负二项式分布
NORMDIST	返回正态累积分布
NORMINV	返回标准正态累积分布的反函数
NORMSDIST	返回标准正态累积分布
NORMSINV	返回标准正态累积分布函数的反函数
PEARSON	返回 Pearson 乘积矩相关系数
PERCENTILE	返回区域中数值的第 K 个百分点的值
PERCENTRANK	返回数据集中值的百分比排位
PERMUT	返回给定数目对象的排列数
POISSON	返回泊松分布
PROB	返回区域中的数值落在指定区间内的概率

函数	说明
QUARTILE	返回一列数字的数字排位
RANK	返回一列数字的数字排位
RSQ	返回 Pearson 乘积矩相关系数的平方
SKEW	返回分布的不对称度
SLOPE	返回线性回归线的斜率
SMALL	返回数据集中的第 K 个最小值
STANDARDIZE	返回正态化数值
STDEV	基于样本估算标准偏差
STDEVA	基于样本（包括数字、文本和逻辑值）估算标准偏差
STDEVP	基于整个样本总体计算标准偏差
STDEVPA	基于总体（包括数字、文本和逻辑值）计算标准偏差
STEYX	返回通过线性回归法预测每个 x 的 y 值时所产生的标准误差
TDIST	返回学生的 t 分布
TINV	返回学生的 t 分布的反函数
TREND	返回沿线性趋势的值
TRIMMEAN	返回数据集的内部平均值
TTEST	返回与学生的 t 检验相关的概率
VAR	基于样本估算方差

续表

VARA	基于样本（包括数字、文本和逻辑值）估算方差
VARP	计算基于样本总体的方差
VARPA	计算基于总体（包括数字、文本和逻辑值）的标准偏差
WEIBULL	返回 Weibull 分布
ZTEST	返回 z 检验的单尾概率值

◆计算平均值

在对数据进行分析的时候，经常需要计算数据的平均值。在不同场合，对平均值的计算常常会有不同的限制。如在统计分数的时候，计算不同班级不同学科的平均分、统计排名前几名的分数的平均分或者去掉最高分和最低分之后再求平均分等。

如果想要计算各科成绩的平均分数，可以使用 AVERAGE( ) 函数。

	A	B	C	D
1	员工考核成绩表			
2	姓名	业务知识	工作能力	沟通能力
3	李立扬	88	87	84
4	钱明明	78	87	67
5	程坚强	76	69	89
6	叶明梅	81	80	85
7	周学军	79	76	78
8	赵爱君	67	79	98
9	陈露	90	89	86
10	杨清清	53	54	61
11	柳晓琳	65	90	59
12	杜媛媛	77	75	67
13	平均成绩			

① 可以利用 AVERAGE( ) 函数，求出员工各种能力的平均成绩。

② 选中 B13 单元格。

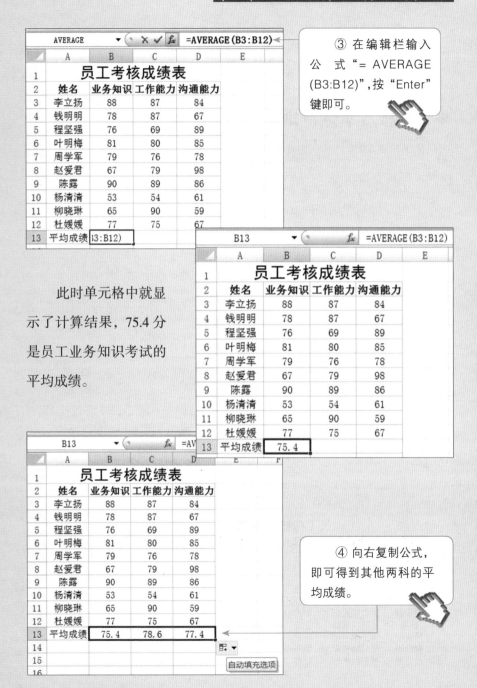

③ 在编辑栏输入公式"= AVERAGE (B3:B12)"，按"Enter"键即可。

此时单元格中就显示了计算结果，75.4 分是员工业务知识考试的平均成绩。

④ 向右复制公式，即可得到其他两科的平均成绩。

此处 AVERAGE 的语法结构是：AVERAGE(number1,number2,...)。

number1, number2, ...，是要计算其平均值的 1 到 255 个数字参数。

◆ 对考核成绩进行排名

在用 Excel 统计成绩时，根据成绩高低进行排序，按序列自动填充出名次。当成绩相同时，填充出名次还是不同的。

此时，可以利用使用 RANK 排位函数实现同分同名次的操作。

首先，计算每名员工的考核总成绩。

接下来，利用 RANK( ) 函数进行排名。

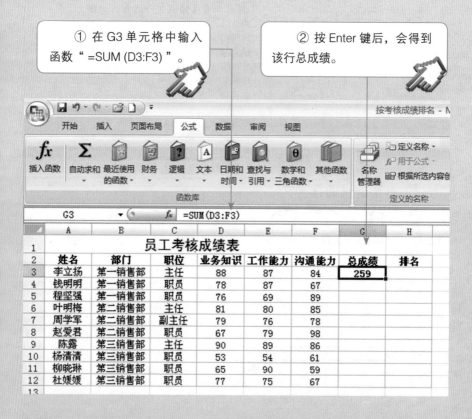

① 在 G3 单元格中输入函数 " =SUM (D3:F3) "。

② 按 Enter 键后，会得到该行总成绩。

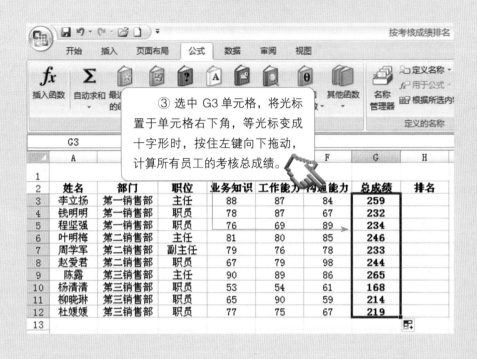

③ 选中 G3 单元格，将光标置于单元格右下角，等光标变成十字形时，按住左键向下拖动，计算所有员工的考核总成绩。

	A	B	C	D	E	F	G	H
1								
2	姓名	部门	职位	业务知识	工作能力	沟通能力	总成绩	排名
3	李立扬	第一销售部	主任	88	87	84	259	
4	钱明明	第一销售部	职员	78	87	67	232	
5	程坚强	第一销售部	职员	76	69	89	234	
6	叶明梅	第二销售部	主任	81	80	85	246	
7	周学军	第二销售部	副主任	79	76	78	233	
8	赵爱君	第二销售部	职员	67	79	98	244	
9	陈露	第二销售部	主任	90	89	86	265	
10	杨清清	第三销售部	职员	53	54	61	168	
11	柳晓琳	第三销售部	职员	65	90	59	214	
12	杜媛媛	第三销售部	职员	77	75	67	219	
13								

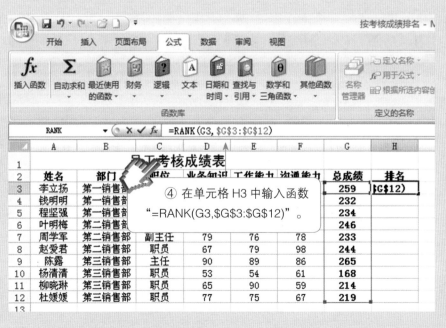

RANK =RANK(G3, $G$3:$G$12)

④ 在单元格 H3 中输入函数 "=RANK(G3,$G$3:$G$12)"。

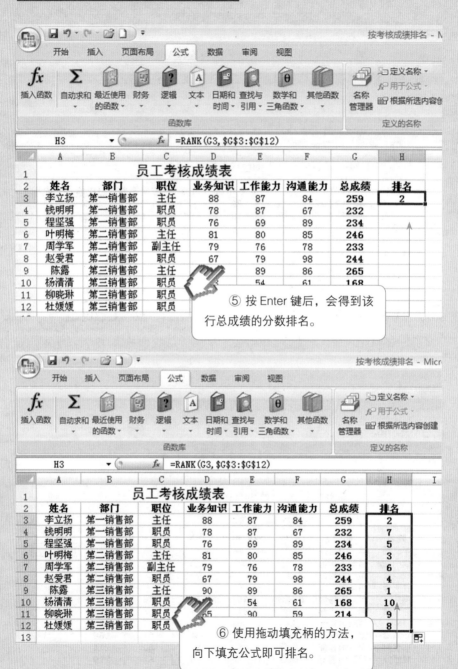

⑤ 按 Enter 键后，会得到该行总成绩的分数排名。

⑥ 使用拖动填充柄的方法，向下填充公式即可排名。

快速查找所需的函数

通过"插入函数"对话框，可快速查找所需的函数。

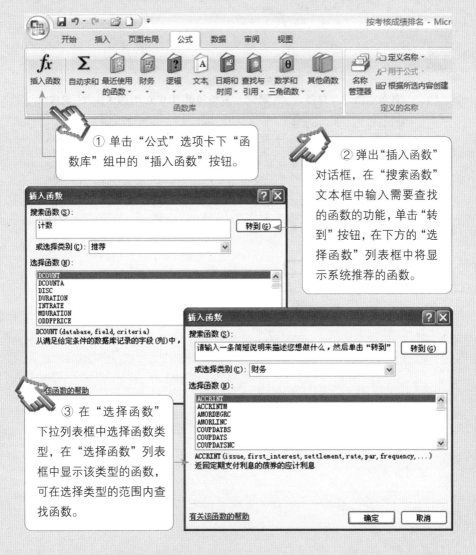

① 单击"公式"选项卡下"函数库"组中的"插入函数"按钮。

② 弹出"插入函数"对话框，在"搜索函数"文本框中输入需要查找的函数的功能，单击"转到"按钮，在下方的"选择函数"列表框中将显示系统推荐的函数。

③ 在"选择函数"下拉列表框中选择函数类型，在"选择函数"列表框中显示该类型的函数，可在选择类型的范围内查找函数。

◆最大值和最小值

在统计考试成绩和销售额等数据的时候，经常需要知道最大值和最小值，这就涉及 MAX( ) 函数和 MIN( ) 函数的应用。

MAX( ) 函数的应用

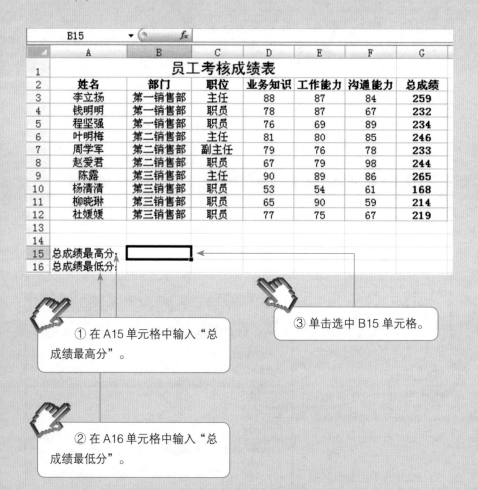

① 在 A15 单元格中输入"总成绩最高分"。

② 在 A16 单元格中输入"总成绩最低分"。

③ 单击选中 B15 单元格。

⑤ 单击"函数库"选项组中的"插入函数"按钮，打开"插入函数"对话框。

④ 切换到"公式"选项卡。

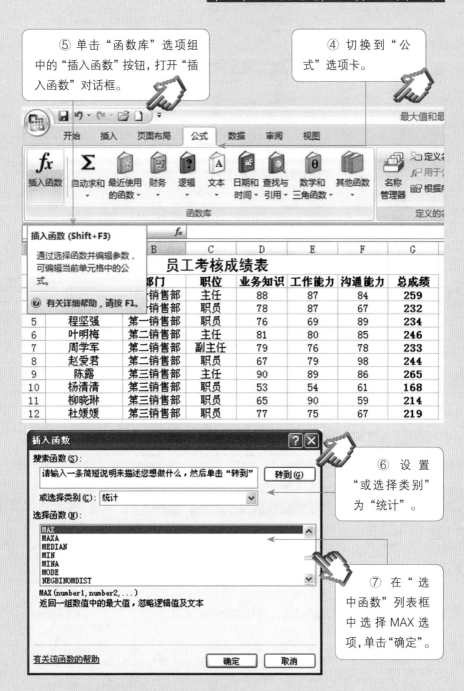

插入函数 (Shift+F3)

通过选择函数并编辑参数，可编辑当前单元格中的公式。

ⓦ 有关详细帮助，请按 F1。

员工考核成绩表

		部门	职位	业务知识	工作能力	沟通能力	总成绩
		销售部	主任	88	87	84	259
		销售部	职员	78	87	67	232
5	程坚强	第一销售部	职员	76	69	89	234
6	叶明梅	第二销售部	主任	81	80	85	246
7	周学军	第二销售部	副主任	79	76	78	233
8	赵爱君	第二销售部	职员	67	79	98	244
9	陈露	第三销售部	主任	90	89	86	265
10	杨清清	第三销售部	职员	53	54	61	168
11	柳晓琳	第三销售部	职员	65	90	59	214
12	杜媛媛	第三销售部	职员	77	75	67	219

插入函数

搜索函数(S)：

请输入一条简短说明来描述您想做什么，然后单击"转到"   转到(G)

或选择类别(C)：统计

选择函数(N)：

MAX
MAXA
MEDIAN
MIN
MINA
MODE
NEGBINOMDIST

MAX(number1, number2, ...)
返回一组数值中的最大值，忽略逻辑值及文本

有关该函数的帮助   确定   取消

⑥ 设置"或选择类别"为"统计"。

⑦ 在"选中函数"列表框中选择 MAX 选项，单击"确定"。

在弹出的"函数参数"对话框中设置参数。

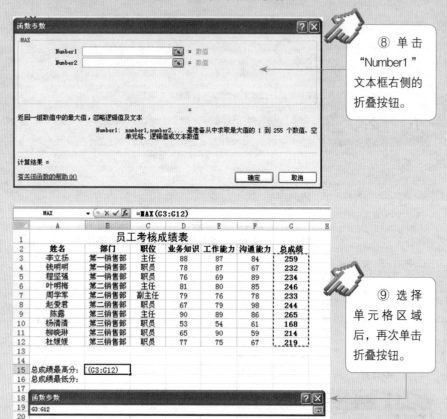

⑧ 单击 "Number1" 文本框右侧的折叠按钮。

⑨ 选择单元格区域后，再次单击折叠按钮。

在"函数参数"对话框中单击"确定"按钮，即可得到计算结果。

	B15		fx	=MAX(G3:G12)			
	A	B	C	D	E	F	G
1	员工考核成绩表						
2	姓名	部门	职位	业务知识	工作能力	沟通能力	总成绩
3	李立扬	第一销售部	主任	88	87	84	259
4	钱明明	第一销售部	职员	78	87	67	232
5	程坚强	第一销售部	职员	76	69	89	234
6	叶明梅	第二销售部	主任	81	80	85	246
7	周学军	第二销售部	副主任	79	76	78	233
8	赵爱君	第二销售部	职员	67	79	98	244
9	陈露	第三销售部	主任	90	89	86	265
10	杨清清	第三销售部	职员	53	54	61	168
11	柳晓琳	第三销售部	职员	65	90	59	214
12	杜媛媛	第三销售部	职员	77	75		
13							
14							
15	总成绩最高分:	265					
16	总成绩最低分:						

⑩ 可以看到, 总成绩最高分是 265 分。

◆MIN( ) 函数的应用

单击选中 B16 单元格, 切换到"公式"选项卡, 在"函数库"选项组中单击"插入函数"按钮, 打开"插入函数"对话框。

①设置"或选择类别"为"统计"。

②在"选中函数"列表框中选择 MIN 选项, 单击"确定"。

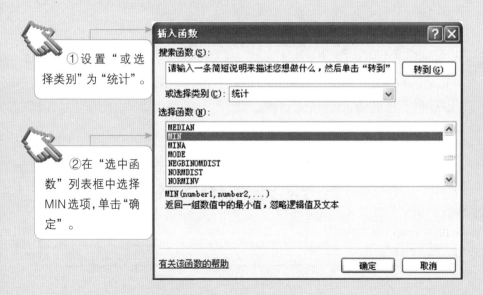

插入函数

搜索函数(S): 请输入一条简短说明来描述您想做什么, 然后单击"转到" 转到(G)

或选择类别(C): 统计

选择函数(N):
MEDIAN
MIN
MINA
MODE
NEGBINOMDIST
NORMDIST
NORMINV

MIN(number1,number2,...)
返回一组数值中的最小值, 忽略逻辑值及文本

有关该函数的帮助 确定 取消

在弹出的"函数参数"对话框中设置参数。

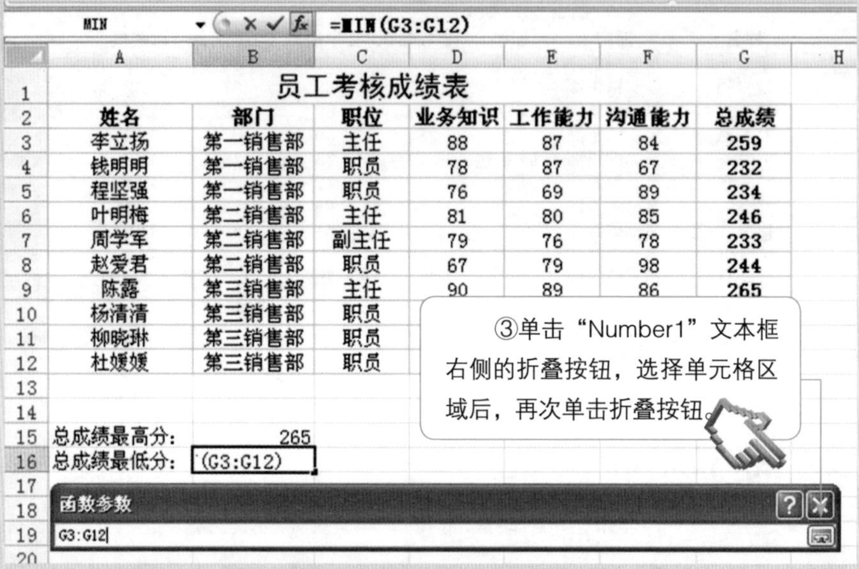

	MIN	▼ ⊘ ✕ ✓ *fx*	=MIN(G3:G12)					
	A	B	C	D	E	F	G	H
1		员工考核成绩表						
2	姓名	部门	职位	业务知识	工作能力	沟通能力	总成绩	
3	李立扬	第一销售部	主任	88	87	84	259	
4	钱明明	第一销售部	职员	78	87	67	232	
5	程坚强	第一销售部	职员	76	69	89	234	
6	叶明梅	第二销售部	主任	81	80	85	246	
7	周学军	第二销售部	副主任	79	76	78	233	
8	赵爱君	第二销售部	职员	67	79	98	244	
9	陈露	第三销售部	主任	90	89	86	265	
10	杨清清	第三销售部	职员					
11	柳晓琳	第三销售部	职员					
12	杜媛媛	第三销售部	职员					
13								
14								
15	总成绩最高分:		265					
16	总成绩最低分:	(G3:G12)						
17								
18	函数参数						? ✕	
19	G3:G12							
20								

③单击"Number1"文本框右侧的折叠按钮,选择单元格区域后,再次单击折叠按钮。

在"函数参数"对话框中单击"确定"按钮,即可得到计算结果(见下图)。

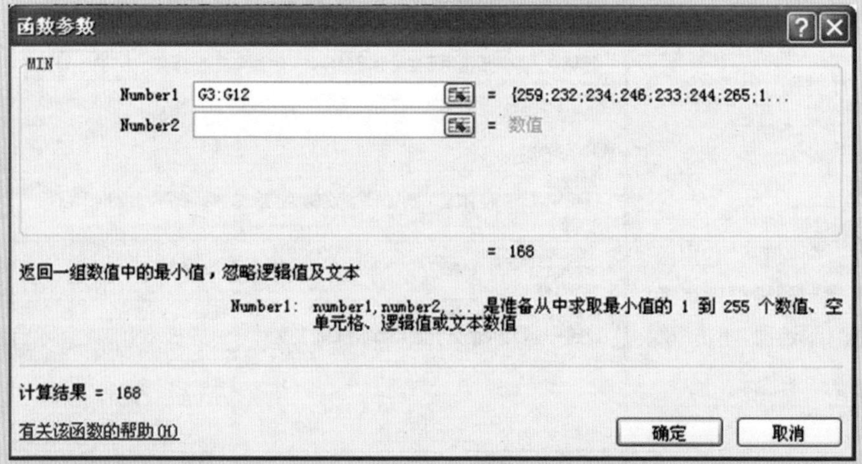

函数参数

MIN

Number1 G3:G12 = {259;232;234;246;233;244;265;1...

Number2 = 数值

= 168

返回一组数值中的最小值,忽略逻辑值及文本

Number1: number1,number2,... 是准备从中求取最小值的 1 到 255 个数值、空单元格、逻辑值或文本数值

计算结果 = 168

有关该函数的帮助(H)   确定   取消

B16		fx	=MIN(G3:G12)			

员工考核成绩表

	A	B	C	D	E	F	G
1			员工考核成绩表				
2	姓名	部门	职位	业务知识	工作能力	沟通能力	总成绩
3	李立扬	第一销售部	主任	88	87	84	259
4	钱明明	第一销售部	职员	78	87	67	232
5	程坚强	第一销售部	职员	76	69	89	234
6	叶明梅	第二销售部	主任	81	80	85	246
7	周学军	第二销售部	副主任	79	76	78	233
8	赵爱君	第二销售部	职员	67	79	98	244
9	陈露	第三销售部	主任	90	89	86	265
10	杨清清	第三销售部	职员	53	54	61	168
11	柳晓琳	第三销售部	职员	65	90	59	214
12	杜媛媛	第三销售部	职员	77	75	67	219
13							
14							
15	总成绩最高分：	265					
16	总成绩最低分：	168					

④可以看到，总成绩最低分是 168 分。

求不连续区域中最大的数值

我们可以利用 Excel 来求得业务知识和沟通能力成绩中的最高分。

MAX		X ✓ fx	=MAX(D3:D12,F3:F12)			

	A	B	C	D	E	F	G
1		员工考核成绩表					
2	姓名	部门	职位	业务知识	工作能力	沟通能力	总成绩
3	李立扬	第一销售部	主任	88	87	84	259
4	钱明明	第一销售部	职员	78	87	67	232
5	程坚强	第一销售部	职员	76	69	89	234
6	叶明梅	第二销售部	主任	81	80	85	246
7	周学军	第二销售部	副主任	79	76	78	233
8	赵爱君	第二销售部	职员	67	79	98	244
9	陈露	第三销售部	主任	90	89	86	265
10	杨清清	销售部	职员	53	54	61	168
11	柳晓琳						
12	杜媛媛						
13							
14							
15	总成绩最高分：	265					
16	总成绩最低分：	168					
17	业务知识和沟通能力成绩中的最高分：	,F3:F12)					

① 单击单元格 B17，向其中输入函数"=MAX(D3:D12，F3:F12)"。

B17 = MAX(D3:D12, F3:F12)

员工考核成绩表

姓名	部门	职位	业务知识	工作能力	沟通能力	总成绩
李立扬	第一销售部	主任	88	87	84	259
钱明明	第一销售部	职员	78	87	67	232
程坚强	第一销售部	职员	76	69	89	234
叶明梅	第二销售部	主任	81	80	85	246
周学军	第二销售部	副主任	79	76	78	233
赵爱君	第二销售部	职员	67	79	98	244
陈露	第三销售部		90	89	86	265
杨清清	第三销售部					
柳晓琳	第三销售部					
杜媛媛	第三销售部					
总成绩最高分:		265				
总成绩最低分:		168				
业务知识和沟通能力成绩中的最高分:		98				

② 按 Enter 键，即可得到单元格区域（D3:D12 和 F3:F12）中数据的最大值。

NETWORKDAYS() 函数的意义

函数	功能	参数	备注
NETWORKDAYS(start_date, end_date, holidays)	返回参数 start_date 和 end_date 之间完整的工作日数值。工作日不包括周末和专门指定的假期	Start_date 为开始日期。End_date 为终止日期。Holidays 表示不在工作日历中的一个或多个日期所构成的可选区域。例如：省/市/自治区和国家/地区的法定假日以及其他非法定假日	应使用 DATE 函数输入日期，或者将函数作为其他公式或函数的结果输入。例如：使用函数 DATE(2013,5,23) 输入 2013 年 5 月 23 日。如果日期以文本形式输入，则会出现问题